33 天时装画
零基础入门手绘教程

佘颖（she-shirley）编著

人民邮电出版社

北 京

图书在版编目（CIP）数据

33天时装画零基础入门手绘教程 / 佘颖编著. -- 北
京：人民邮电出版社，2021.6
ISBN 978-7-115-55877-0

Ⅰ. ①3… Ⅱ. ①佘… Ⅲ. ①时装－绘画技法－教材
Ⅳ. ①TS941.28

中国版本图书馆CIP数据核字(2020)第272854号

内 容 提 要

这是一本手绘时装画专业教程。全书将时装画的相关知识和表现技法分为 33 天的课程，每天所需的学习时间为 2～3 小时。本书主要讲解了时装画的演变过程，所需的手绘工具和使用方法，人体结构相关的知识及各个部分的表现技法，时装画线稿、平面款式图的表现技法，服装配饰的表现技法，以及不同面料时装的表现技法。为了便于读者学习，本书提供部分相关内容的配套讲解视频。

本书适合广大时装画手绘初学者和爱好者阅读，也可以作为服装设计院校和相关培训机构的教材。

♦ 编　著　佘　颖(she-shirley)
　　责任编辑　王振华
　　责任印制　马振武

♦ 人民邮电出版社出版发行　　北京市丰台区成寿寺路 11 号
　　邮编　100164　　电子邮件　315@ptpress.com.cn
　　网址　https://www.ptpress.com.cn
　　北京盛通印刷股份有限公司印刷

♦ 开本：787×1092　1/16
　　印张：15.25
　　字数：450 千字　　　　　　　　2021 年 6 月第 1 版
　　印数：1 - 2 500 册　　　　　2021 年 6 月北京第 1 次印刷

定价：129.00 元

读者服务热线：(010)81055410　印装质量热线：(010)81055316
反盗版热线：(010)81055315
广告经营许可证：京东市监广登字 20170147 号

Mon | Tue | Wed | Thu | Fri | Sat | Sun

前言

　　很多人希望开一家自己的服装工作室，售卖自己设计的服装，甚至将服装设计列为自己的梦想清单之首。时装画是服装设计的专业基础之一，是搭建在时装设计师与工艺师、打版师、消费者之间的桥梁，是服装设计师表达设计创意构思的手段。时装插画和设计草图能够记载服装设计师的灵感，是再现其创意、灵感和设计理念最为快捷的绘画表现方式，也被认为是整个时代流行文化的印象，是社会时尚形式和风格的依据。因此，想成为一名优秀的服装设计师，画好时装画是展现设计风格的重要手段。

　　那么问题来了，零基础学习者如何在表达时装画"功能"属性的同时，还能表达出"艺术"属性呢？

　　关键是对"形"的把握。

　　时装画能表现出服装的风格、魅力和特征，优秀的时装画能把服装美的精髓和灵魂表现出来。如果没有正确的"形"，任何创意都是没有意义的。

　　因此，给零基础学习者的教程应该是"构建一套以'形'为基础的系统学习架构"，这也是编写本书的初衷和目的。初学者要正确系统地学习"起形"，并做到举一反三，掌握不同角度、不同类型的时装画的表现技法，才能达到设计无障碍的境界，从而更好地进行艺术创作。

　　不管是使用铅笔和速写本，还是使用电容笔和iPad，抑或是使用手绘板和计算机，都需要学习时装画的基础（人体结构、服装廓形、面料绘制等），否则脑子里的灵感就无法被捕捉，只不过是空想罢了。想表现出理想的时装画效果，就必须勤加练习，掌握基础知识，本书则主要是对基础知识的细致剖析和讲解。

　　只有在牢固的"基础"上，在正确的"形"上，服装设计师才能用自己的视觉语言表现个性和创意，将时装画的"功能性"和"艺术性"充分表现出来，从而使时装画获得更大的商业价值。

编者

资源与支持

本书由"数艺设"出品，"数艺设"社区平台（www.shuyishe.com）为您提供后续服务。

- 配套资源

视频教程：服装设计手绘基础知识和典型案例绘制的讲解视频（在线观看）。

资源获取请扫码

"数艺设"社区平台，为艺术设计从业者提供专业的教育产品。

- 与我们联系

我们的联系邮箱是szys@ptpress.com.cn。如果您对本书有任何疑问或建议，请您发邮件给我们，并请在邮件标题中注明本书书名及ISBN，以便我们更高效地做出反馈。

如果您有兴趣出版图书、录制教学课程，或者参与技术审校等工作，可以发邮件给我们；有意出版图书的作者也可以到"数艺设"社区平台在线投稿（直接访问 www.shuyishe.com 即可）。如果学校、培训机构或企业想批量购买本书或"数艺设"出版的其他图书，也可以发邮件联系我们。

如果您在网上发现针对"数艺设"出品图书的各种形式的盗版行为，包括对图书全部或部分内容的非授权传播，请您将怀疑有侵权行为的链接通过邮件发给我们。您的这一举动是对作者权益的保护，也是我们持续为您提供有价值的内容的动力之源。

- 关于"数艺设"

人民邮电出版社有限公司旗下品牌"数艺设"，专注于专业艺术设计类图书出版，为艺术设计从业者提供专业的图书、U书、课程等教育产品。出版领域涉及平面、三维、影视、摄影与后期等数字艺术门类，字体设计、品牌设计、色彩设计等设计理论与应用门类，UI设计、电商设计、新媒体设计、游戏设计、交互设计、原型设计等互联网设计门类，环艺设计手绘、插画设计手绘、工业设计手绘等设计手绘门类。更多服务请访问"数艺设"社区平台www.shuyishe.com。我们将提供及时、准确、专业的学习服务。

目录 |
Contents

33 天时装画
零基础入门手绘教程

一	二	三	四	五	六	日
01	02	03	04	05	06	07
08	09	10	11	12	13	14
15	16	17	18	19	20	21
22	23	24	25	26	27	28
29	30	31	32	33		

认识
时装画

Mon | Tue | Wed | Thu | Fri | Sat | Sun

"时装画"一词对于服装设计领域的设计师来说并不陌生。时装画是伴随着"时装"的概念而诞生的，是以绘画的形式对文字无法直观陈述的时装设计理念和构思的补充。演变至今，时装画也被赋予了更多的艺术功能——美学传播和审美表达，成为时尚界视觉传达的重要方式。时装画不仅能展现设计师的创意和灵感，还能见证和记录整个创作过程，是时装画大师们的妙笔丹青，让一些设计永存于时装史并流传为经典。

1. 20世纪时装的廓形演变

时装画的历史与时装的发展历史息息相关，尤其是在20世纪的百年时间里，时装发生了翻天覆地的变化，时装画也经历了很大的变化。百年的演变中，每个时间段都有标志性的服装廓形，下面就以时间串联的方式来具体讲解20世纪时装的廓形演变。

20世纪时装廓形演变示意图

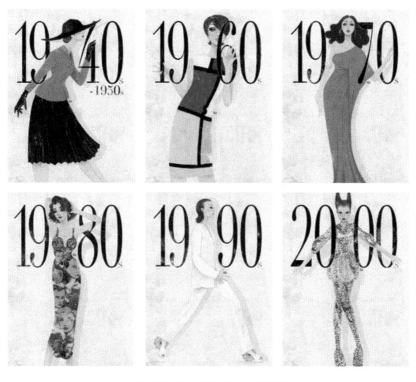

20 世纪时装廓形演变示意图（续）

20世纪初史称"维多利亚时期"，以S形沙漏廓形为主，服装的造型特点是紧身胸衣、纤细腰围、圆润臀围。一般体现在夸张的头饰、紧身胸衣和百合状的大长裙上，又可统称为"爱德华风格"。

20世纪10年代以"蹒跚裙"为主，相比于沙漏廓形的"爱德华风格"，该时期的服装设计解放了女性的胸部，但是狭窄的底摆让女性行走困难，后期又统称为"霍布尔裙风格"。

20世纪20年代出现了"男孩子式"的新廓形。该时期出现了一位对时装界产生重大影响的设计师——加布里埃·香奈儿（Gabrielle Bonheur Chanel），她崇尚的服装廓形均具有平胸、平臀、宽肩和低腰的特点。与之前的服装廓形截然不同，这一时期的很多裙子的长度被缩短至小腿处，并且有不对称的下摆。

20世纪30年代的服装廓形强调柔和的曲线，不再拘泥于裙摆大小、裙子的长度和腰线的位置，不极端、不保守、不中性，一切都显得自然得体。合体的服装廓形（如披肩）给工作繁忙的女性带来更多功能性的便利。

20世纪40年代以克里斯汀·迪奥的军装廓形为主，强调厚厚的垫肩和紧紧的腰束，形成紧腰宽松式样。

20世纪50年代女性的着装以细腰宽摆的箱形上装和笔直的铅笔裙为主，这个时代的典型廓形为宽肩、细腰、丰臀的H形或A形，强调优雅的女性气质，统称为"新风格"。

20世纪60年代初，时装样式发生了很大的变化，成衣服装业发展壮大。年轻一代的消费风格被重视，流行更迭速度非常快，廓形以七分袖、圆盆帽和两片式的运动套装为主。

20世纪70年代，世界服饰的交流影响冲击着时尚领域，全球的服装设计互相交流渗透，形成了不同文化和时尚融合的趋势。大胆的设计应运而生，风格百花齐放，嬉皮风和摇滚风等开始盛行，这个年代的廓形主要以宽松的、修长的为主。

20世纪80年代，中性风格的样式再次盛行，廓形主要为大垫肩、宽腰带、膝上窄裙等。

20世纪90年代是个让女性消费者做服装选择的时代。消费水平的降低让女性更谨慎地选择衣服的款式，时尚的款式也变得容易仿制。两件式的套装是这个年代的典型廓形。

2. 20 世纪时装画的风格演变

根据艺术风格不同，时装画的风格分为写实时装画和艺术时装画。20世纪初的时装画主要以写实风格为主，时装插画师主要用水彩、素描和钢笔线描表现时装画，将人物和背景都刻画得极其细腻，代表人物为保罗·伊里巴（Paul Iribe）。

20世纪30年代，时装插画的风格发生了很大的转变，笔触更加不拘一格，大胆、自然和随意，有代表性的时装插画师有约瑟夫·克里斯蒂安·莱恩德克（Joseph Christian Leyendecker）、卡尔·埃里克森（Carl Erickson）等。

20世纪中期的时装画统领者无疑是意大利插画师雷内·格吕奥（René Gruau），他善于将东西方艺术风格结合起来，浑然天成的线条与色彩在时尚插画史上留下了重要的一笔，引领了时装画抽象线条的风潮。

20世纪70年代中后期，受马蒂斯和毕加索等画家影响，美国插画师托尼·威拉猛岱（Tony Viramontes）以浓厚的色彩和线条勾勒人物，被称为"后现代主义插画家"。

20世纪90年代，时装画迎来了复兴，一些属于这个时代的标志性时装元素开始涌现，极具戏剧性和夸张化的表现手法较为流行。英国时装插画师大卫·唐顿（David Downton）笔下的人物造型准确，画面线条流畅，色彩运用大胆，并且他能非常敏锐地把握人物的造型细节。

经历了20世纪百年的发展，时装画已经形成了如今比较稳定的模式。如今，时装画不仅是杂志插画或设计效果图，还成了大牌设计的跨界合作、火热单品的营销方案和知名广告创意的灵感来源。

3. 时装画的表现方式

绘制时装画需要对服装效果图、服装款式图和面料肌理表现等进行综合训练。

服装效果图是指人体穿着设计服装后的绘画效果，通常包括人体着装图、设计构思说明、面料的简易表达，与时装画相比，服装效果图承载着更多的实用功能。服装效果图能表达设计者的设计意图和设计风格，是服装设计工作的重要组成部分，从事服装设计工作必须熟练地掌握服装效果图的画法。

服装款式图是以平面图的形式展现服装的具体结构，准确说明服装款式的细节、装饰细节和结构特点。与时装画和服装效果图相比，服装款式图的艺术价值最低，但实用性最强，具有极高的准确性和可操作性等特点。同时，服装款式图要求工艺的科学性、结构比例的准确性和线条的流畅性。在工业化服装生产过程中，服装款式图的作用远远大于服装效果图，可为服装的下一步打版和制作提供重要的参考依据。服装款式图除了能准确地表现服装的整体外形，还能体现服装细节的比例关系。在此基础上，服装款式图还要具有一定的美感，使其能更加完美地体现设计者的设计思想。

面料肌理表达是将面料的触摸感（如粗糙与光滑、软与硬、轻与重等）通过图片的形式转化为视觉感受。作为服装三要素（色彩、面料、款式）之一，面料诠释着服装的风格和特性，学习各种面料的肌理表达是设计师展现服装效果的基础。此外，服装设计师还可以根据设计灵感对面料进行各种创新，如抽褶、热压、绗缝、压花、镂空等。

第2天

时装画
手绘工具

DAY

02

Mon | Tue | Wed | Thu | Fri | Sat | Sun

"工欲善其事，必先利其器。"想要绘制出优秀的时装画作品，并准确表达出服装的设计意图，选择适合的工具非常重要。本书主要使用的工具为彩铅，笔者经过多年的实践总结了一些好用且性价比较高的绘画工具，下面就分享给大家，希望大家在后续的学习中能逐步熟悉并掌握这些工具的性能和使用方法。

1 纸

纸是展现绘画效果最基础的工具，纸的好坏会直接影响作品的效果，因此选择适合的纸张十分重要。用彩铅在粗糙程度合适的纸上绘制才能产生较好的显色效果。纸张不能太光滑，否则不易上色；也不能太粗糙，否则画面效果不够细腻。下面推荐3款绘制时装画时所用的纸。

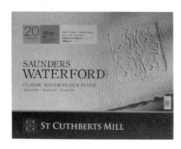  

◎ **获多福手工纯棉细纹水彩纸（克重不限）**

优点：显色效果非常好，容易上色，画面色泽感强。

缺点：水彩纸与彩铅纸或普通打印纸相比价格高，一般用于作品创作，如果是初学者练习使用，这款纸不太适合。

◎ **飞乐鸟彩铅绘画专用纸**

彩铅对纸张的要求不高，彩铅绘画专用纸的价格也比水彩纸低一些，质感上也能呈现细腻的效果，飞乐鸟彩铅绘画专用纸就比较适合。

优点：性价比高，易叠色，画面细腻。

缺点：显色效果没有水彩纸那么浓郁。

◎ **马利全木浆素描纸**

相比于前两款纸，马利全木浆素描纸的造价低，非常适合初学者练习时使用。

优点：造价低，适合练习用，易上色。

缺点：擦拭易起毛边，叠色和显色效果没有前两款好。

初学者可以根据实际需要选择相应的纸张。练习初期，选择马利全木浆素描纸；练习到一定程度，对彩铅有较好的把握后，则可用飞乐鸟彩铅绘画专用纸；在进行作品创作且对作品有极高要求时，则选择获多福手工纯棉细纹水彩纸或其他更好的纸张。

2. 彩铅

常用彩铅的品牌有霹雳马、辉柏嘉和三菱等，这3个品牌的彩铅质地各不相同，在绘制时装画时可以根据它们的特点进行选择。

◎ **霹雳马油性彩铅（72色）**

霹雳马彩铅的显色度是比较突出的，加上其性价比较高，因此受到很多绘画者的喜爱。如果初学者有青睐的品牌，选用自己喜欢的油性彩铅品牌也是可以的。在后续章节，将会教大家制作色卡，用于绘制综合案例。

优点：叠色和显色效果好，色彩鲜艳。

缺点：笔芯较软，不适合过于细小的细节刻画；消耗快，一支笔用不了太久。

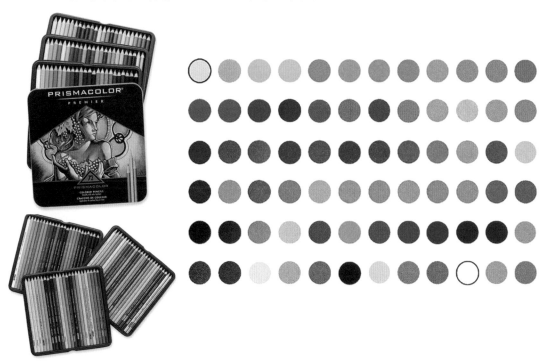

◎ 辉柏嘉绿盒彩铅（选择单支）

辉柏嘉绿盒彩铅的各方面表现都非常优秀，但价格较高，不适合初学者全套购买。推荐几种常用色号可单支购买，如131和130常用于刻画皮肤，124、128、129、115和121常用于绘制唇色，180、179、177和176常用于刻画头发。

优点：叠色和显色效果非常好，质地适中。

缺点：价格较高。

皮肤色号

131

130

嘴唇色号

124

128

129

115

121

头发色号

180

179

177

176

◎ 三菱 880 油性彩铅（选择单支）

根据三菱彩铅的特点，可以购买一些常用的色号，弥补霹雳马彩铅因质地较软而无法刻画部分细节的遗憾。常用色号推荐24#黑色和21#棕色，可用于皮肤和头发等细节的刻画。

优点：质地较硬，非常适合细节的刻画和勾边。

缺点：大面积平铺上色时的效果没有霹雳马的好。

24# 黑色   21# 棕色

3. 其他辅助工具

◎ 直尺

直尺用于辅助绘图，尤其对于时装画初学者来说，学习人体比例时经常用到，推荐使用得力牌的直尺。

◎ 铅笔

铅笔用于绘制草图线稿。施德楼0.3mm自动铅笔可用于线稿的绘制；百乐0.7mm自动铅笔可用于线稿绘制，也可用于皮肤上色。

◎ 勾线笔

勾线笔用于勾勒作品结构和图案。硬头针管笔适合勾勒均匀的线条，根据不同线条粗细选择笔头大小即可，推荐使用Copic品牌的黑色0.3mm针管笔和棕色0.03mm针管笔。

◎ 高光笔和高光墨水

高光笔和高光墨水用于提亮皮肤和服装的高光。高光墨水覆盖力强，配合自来水笔使用，提亮效果非常好。推荐吴竹牌的高光墨水和樱花牌的高光笔。

◎ 笔芯

常用的笔芯有0.3mm黑色笔芯和0.7mm橘色笔芯。

◎ 橡皮

橡皮主要用于擦拭画面。可塑性橡皮适合大面积擦拭，推荐使用辉柏嘉的可塑性橡皮。高光细节橡皮主要用于刻画五官和面料的细节，推荐蜻蜓牌的高光细节橡皮。

◎ 圆规

圆规用于辅助绘制人体结构线。

◎ 水彩颜料

水彩和彩铅是经常搭配使用的，本书部分案例中进行特殊处理时需要用到水彩，可以准备一些性价比高的水彩颜料，比如吴竹颜彩耽美固体水彩国画颜料。

◎ 勾线毛笔

勾线毛笔用于蘸取水彩颜料进行上色，推荐使用华美牌勾线笔。

4. 彩铅排线法

彩铅的使用技法相对其他工具来说比较简单，最常用的是排线法。作为时装画初学者，需要掌握线条在画面造型中的轻重、虚实、方向和疏密。

平行排线又分为横向排线、纵向排线和斜向排线，一般用于大面积平铺上色。要求运笔方向尽量一致，并且使线与线之间保持相同的距离。

提示

排线时要做到轻起轻落，用笔要干脆利落，绘制的线条要平稳、自然、有序、顺畅。

实际绘画时，要根据物体或人物的结构进行排线，注意线条的轻重，下笔力度要均匀。明暗关系是通过多次排线而实现的，常用的有重叠排线法、交叉排线法和转折排线法。

◎ **重叠排线法**

同方向多次排线。

◎ **交叉排线法**

两组线条不同方向相互交叉，用于加深色调。

◎ **转折排线法**

用于绘制轮廓或阴影。

除了上面3种排线方法，还有弧形排线法和点状排线法。

◎ **弧形排线法**

主要用于刻画头发，线条呈两头轻、中间重的效果。

◎ **点状排线法**

根据需要，自由组织点的疏密和大小。

5. 彩铅涂色法

◎ 平涂

平涂是用彩铅绘制时装画时最常用的涂色方法，绘制时的运笔力度和方向要保持一致，以Z字形快速涂抹，运笔力度的大小变化决定了色调的深浅变化。

◎ 渐变

渐变涂色实际上是通过对运笔力度和密度的掌控来表现色调变化的方法，包括单色或多色的由深到浅及由浅到深等渐变。注意笔触要均匀，尽量避免生硬的过渡。

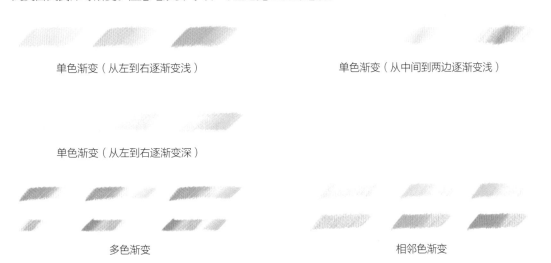

单色渐变（从左到右逐渐变浅）　　　　　　　　单色渐变（从中间到两边逐渐变浅）

单色渐变（从左到右逐渐变深）

多色渐变　　　　　　　　　　相邻色渐变

◎ 叠色

叠色是通过两种或两种以上的颜色进行调和而呈现出新的颜色。初学者学习用两种颜色叠色即可，过多种颜色的叠色容易使画出的颜色显得脏。

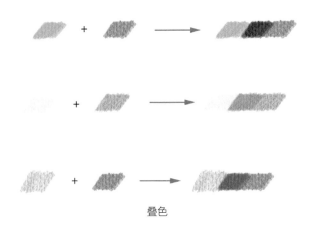

叠色

人体结构、比例和平衡

时装画是一种很方便且能快速完成服装设计的"工具"，不需要像专业绘画那样苛求写实或抽象化的表达，更多关注的是如何快速地将服装设计的想法与效果表现出来。因此，如何简化处理复杂的人体结构显得尤为重要。下面就从人体结构、比例和平衡进行剖析，讲解如何简化人体结构并快速地画出来。

1 人体结构

虽然人体结构很复杂，但是在时装画表达时，可以根据人体各部分的形态和结构将其概括成几何形体，这样就比较容易理解不同结构相互组合和衔接的关系了，并能加深对人体形态的理解。

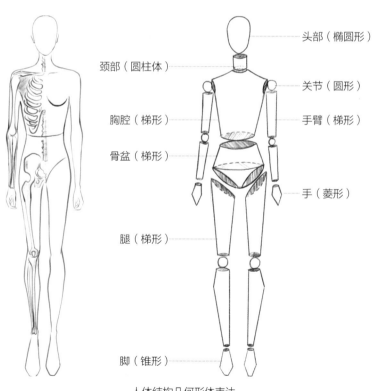

头部（椭圆形）

颈部（圆柱体）

关节（圆形）

胸腔（梯形）

手臂（梯形）

骨盆（梯形）

手（菱形）

腿（梯形）

脚（锥形）

人体结构几何形体表达

2. 人体比例

在掌握了简化的人体形状后，按照合理的比例关系，就能绘制出较为完美的人体结构。一般以头长为标准测量全身各部分的比例关系，正常人体的高为7.5~8个头长。在时装画中，普遍将站立的人体夸张到9个头长的高度甚至更高，这是由时装画的功能性所决定的，将比例拉长能更好地展现服装的视觉效果。

9头身人体比例有较为标准的计算公式，这样做是为了便于初学者快速掌握。

◎ 9头身人体高度

头顶至下颌为1个头长，下颌至胸围为1个头长，腰围至臀围为1个头长，臀围至大腿中部为1个头长，大腿中部至膝关节为1个头长，膝关节至小腿中部为1个头长，小腿中部至踝关节为1个头长，脚的高度为1个头长。上肢自然下垂时，肘部在腰线上，中指在大腿中部线处。

◎ 9头身人体宽度

头宽为2/3个头长，肩宽为4/3个头长（或者为2个头长），腰宽为1个头长，臀宽略小于肩宽。

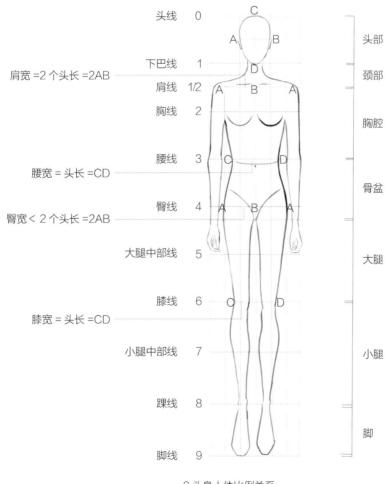

9头身人体比例关系

3. 人体平衡

在美术绘画中将人体动态运动规律总结为"一竖、二横、三体积、四肢"，下面分别解释一下其中所包含的运动规律。

提到人体平衡，离不开重心线。重心线是一条从人体颈窝点出发向地面垂直的线。一般初学者在画人体结构时，首先要做的就是确定重心线，离开重心线人体将失去平衡，所以它非常重要。

一竖指的是脊柱线，在时装画中称为中心线或动态线。躯干部分的活动都是由脊柱带动的，主要体现在颈部和腰部。脊柱线为观察人体正面的动态提供了依据。

二横指的是两肩头之间的连线（肩线）和两胯骨骨点之间的连线（髋线），是躯干连接四肢的纽带。这两条线呈现的关系：人体立正时，两条横线呈水平状并互相平行；人体活动时，两条横线呈反方向倾斜状。

三体积是将人体的头、胸腔和骨盆分别概括而成的3个立方体。3个立方体均为不动的整体，由脊柱贯穿连接。脊柱的弯曲或旋转使3个立方体呈现出俯仰、倾斜或扭动等不同的状态。它们空间位置的转移是人体动态的基础。

四肢指的是手臂和腿，分别连接在躯干上下两端，通过关节处的活动而呈现不同的动作，以使人体的重心保持稳定。

一竖

指脊柱线，会成为动态线或中心线，躯干部分的活动都是由脊柱带动的，主要体现在颈部和腰部。

二横

指肩线和髋线，是躯干连接四肢的纽带，两条线呈反向运动的关系。

三体积

指头、胸腔和骨盆3个立方体，由脊柱贯穿连接，脊柱的弯曲或旋转使3个立方体呈现出俯仰、倾斜或扭动等不同状态。

四肢

指手臂和腿，分别连接在躯干上下两端，通过关节处的活动呈现不同的动作，以使人体的重心保持稳定。

"一竖、二横、三体积、四肢"示意图

　　可能读到这里，没有学过美术的初学者仍然有些疑惑。可以感受一下自己的身体，当运动时，不管什么姿态，头、胸腔和骨盆都是不动的，它们的变化是因为颈和腰在动，同时牵引着四肢运动，四肢的运动就是为了确保重心的稳定，否则人就会失去平衡。这样的规律又可称为"三不动，两动"，即头、胸腔和骨盆不动，颈、腰在动。在后面的人体动态站姿绘制训练中，将运用此原理进行详细的演示。

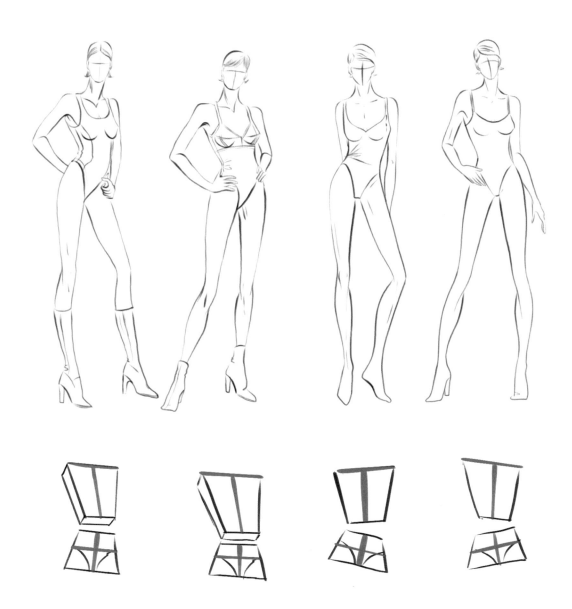

"三不动，两动"运动规律示意图

正面静态人体
站姿绘制解析

Mon | Tue | Wed | Thu | Fri | Sat | Sun

对人体结构、比例和平衡有了一定的认知后，就可以开始拿起画笔进行练习了。

准备材料和工具：A4 打印纸、铅笔、直尺、橡皮。

01 在纸上确定绘画的区域，定好头部和脚部的位置，并从头部开始垂直绘制一条重心线，然后将其划分为 9 等份，接着标出人体结构名称：0= 头线、1= 下巴线、2= 胸线、3= 腰线、4= 臀线、5= 大腿中部线、6= 膝线、7= 小腿中部线、8= 踝线、9= 脚线。

0= 头线

1= 下巴线

2= 胸线

3= 腰线

4= 臀线

5= 大腿中部线

6= 膝线

7= 小腿中部线

8= 踝线

9= 脚线

01

02 绘制头部。初学者可以先画一个圆，直径为头长的2/3，然后完成其余部分的线条，形状看上去像一个鸡蛋。头宽=2/3个头长。

03 绘制颈部。在1到2的区域的1/2处画一条直线作为肩线，然后在下巴到肩线的1/2~2/3的位置确定颈长，颈部的宽度要比头部的窄，用圆柱体表示颈部。

04 确定肩宽。从颈窝点开始计算，肩宽=2个头宽（或1.5个头长）。

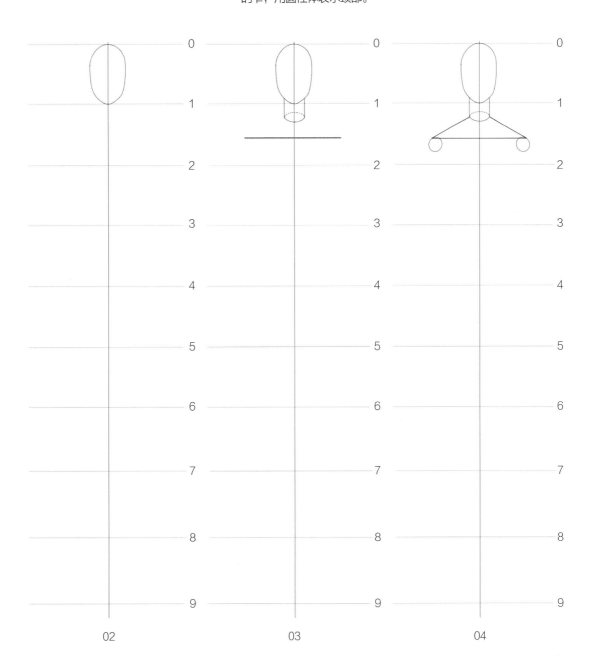

05 确定腰宽，腰宽＝1 个头长（或略小）。然
后画出胸腔，连接两腰点,再连接肩点和腰点,
以形成梯形。

06 在胸线上画出乳凸点，以乳凸点为圆心，以
1/3 个头长为半径画圆表示胸部。

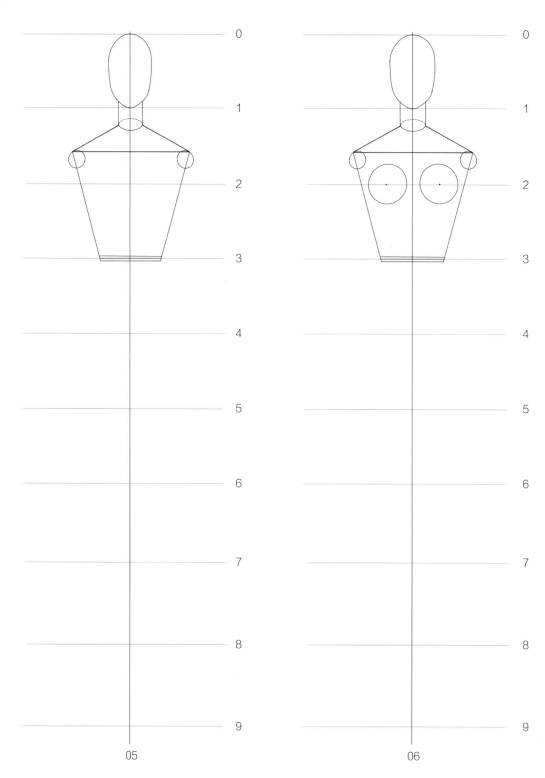

05

06

07 画出手臂。关节部位用圆形表示，上臂和前臂用梯形表示，手掌用菱形表示。上臂长 = 前臂长 = 腰节长。

08 确定臀宽，臀宽略小于或等于肩宽。然后连接腰点和臀宽点，用梯形表示骨盆。胯部最低点在臀部以下 1/3 个头长的位置。

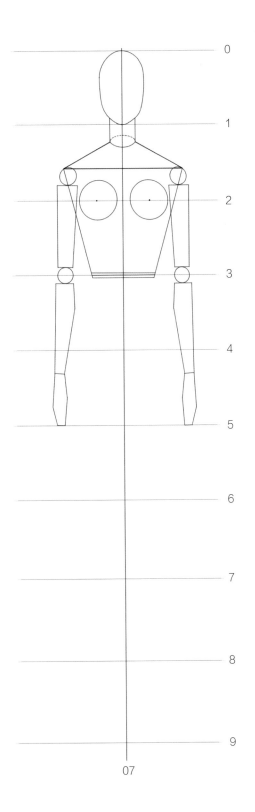

0

1

2

3

4

5

6

7

8

9

07

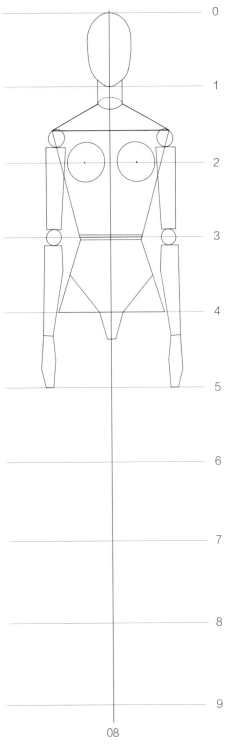

0

1

2

3

4

5

6

7

8

9

08

09　确定两膝宽。两膝宽 =1 个头长，大致分为两等份（中间略有空隙）；单膝宽约等于 1/2 个头长。

10　确定两踝宽。两踝宽 =2/3 个头长，单踝宽约等于 2/3 个单膝宽。

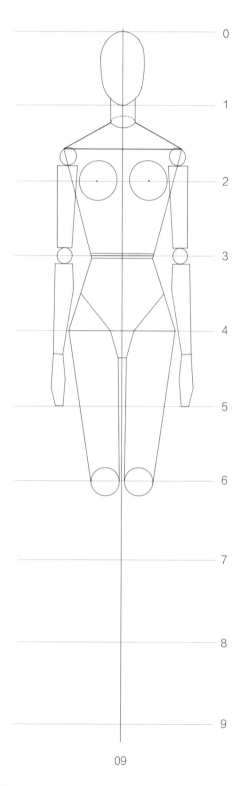

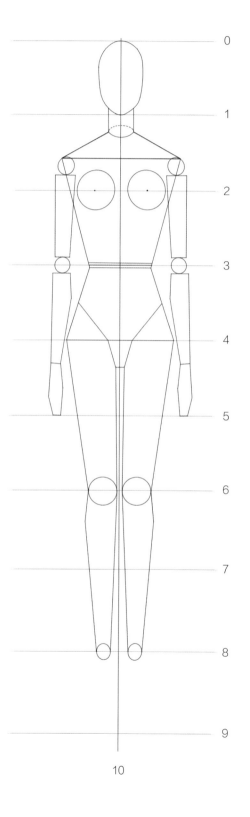

09

10

11 画出腿部，大腿长 = 小腿长 = 2 个头长。然
后画出脚长，脚长 = 1 个头长。

12 用平滑的线条完整地绘制出人体的轮廓。

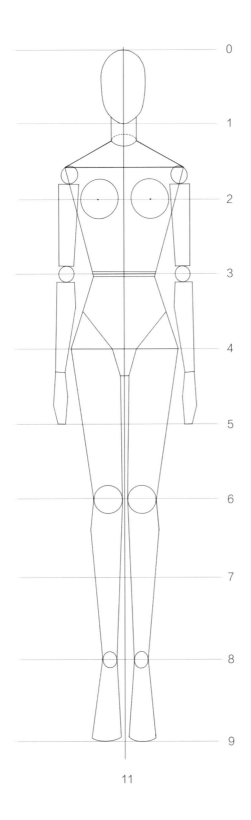

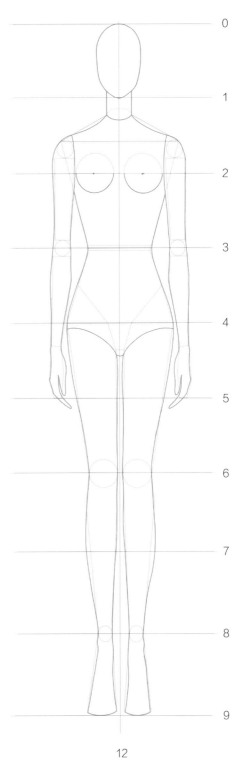

0

1

2

3

4

5

6

7

8

9

11

12

第5天 侧面静态人体 站姿绘制解析

DAY 05

Mon | Tue | Wed | Thu | Fri | Sat | Sun

　　侧面人体与正面和背面人体的区别主要体现在宽度上，正面人体的宽度可以用头长作为参照来计算和记忆，侧面人体的宽度同样可以用头长作为参照来计算，下面讲解侧面静态人体站姿的绘制方法。

01 在纸上确定绘画区域，然后确定头部和脚部的位置，接着从头部开始向下绘制一条垂直线作为重心线。从侧面看，重心线经过人体颈窝点、下巴与颈部的连接处。最后绘制出头部和颈部的结构。

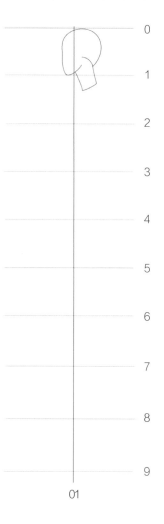

0

1

2

3

4

5

6

7

8

9

01

02 确定侧面胸部的宽度，延长颈部线条与背部线条相交（作为背部），以此交点为起点沿着胸线量出 1 个头长为胸宽；然后确定侧面腰部的宽度，以重心线为对称线绘制腰线，腰宽为 1/2 个头长。

提示

侧面头部的绘制方法将会在后面详细讲解。

03 确定侧面臀部的宽度。以右侧腰点为顶点，以腰线为水平基准线，量出 45° 角绘制斜线 *a*，然后以腰线与臀线之间的 2/3 处与斜线 *a* 的交点为顶点绘制直角，模特的臀线分别相切于直角边，臀高点在腰线和臀线的 2/3 处，这个角度符合人体模特翘臀的特点。根据臀高点的位置画出侧面臀部的宽度，侧面臀部的宽度约为 1 个头长。

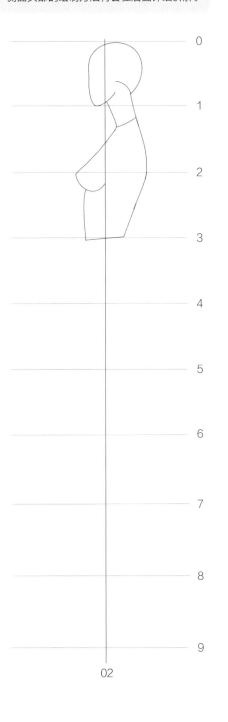

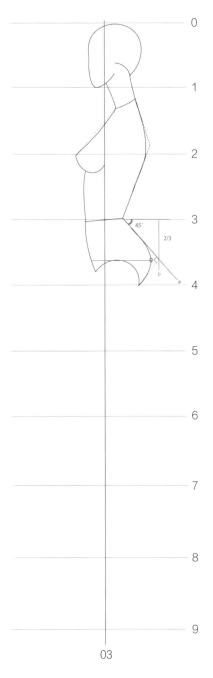

02

03

04 确定肩点,肩线在下巴线和胸线之间的1/2处。
然后确定手臂长度,上臂长=前臂长=腰节长。

05 确定侧面单膝的宽度,单膝宽为 1/3 个头长。

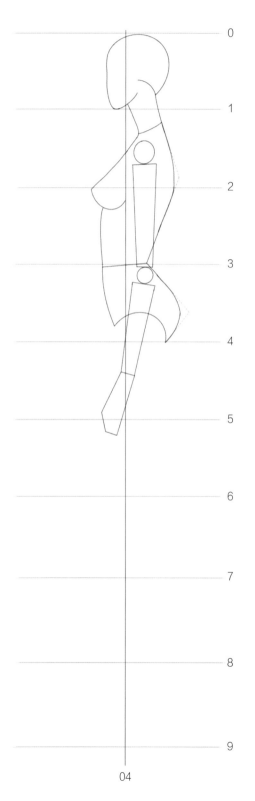

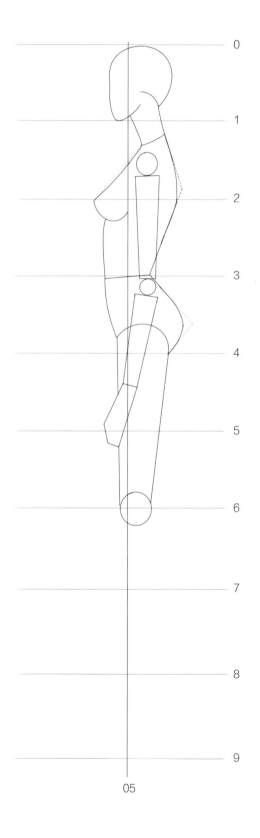

04

05

06 确定单踝宽，单踝宽 =2/3 个单膝宽。然后画
出腿部，大腿长 = 小腿长 =2 个头长。接着画
出脚长，脚长 =1 个头长。

07 用平滑的线条完整地绘制出人体的轮廓。

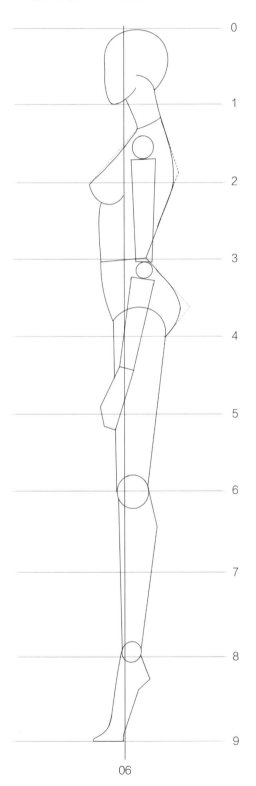

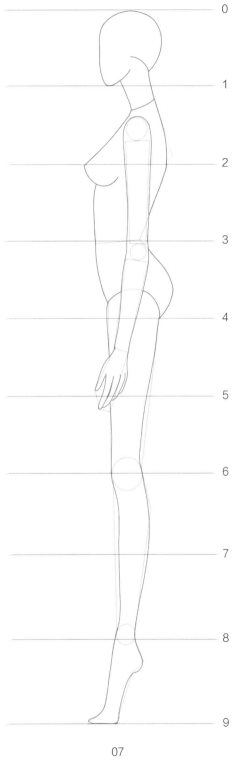

0

1

2

3

4

5

6

7

8

9

06

07

背面静态人体 站姿绘制解析

第6天

Mon | Tue | Wed | Thu | Fri | Sat | Sun

背面人体和正面人体的绘制差别不是很大，人体的几何形状一致，主要差别体现在背部、胸前和臀部。

01 确定绘画区域和人体比例，并绘制出重心线，然后绘制头部，头宽 =2/3 个头长。接着从下巴与颈部连接处出发绘制颈部，注意背面颈部的造型与正面颈部造型的区别。

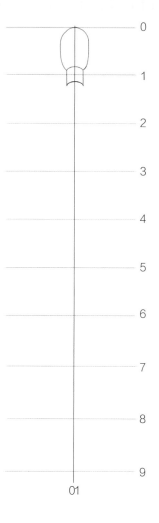

01

02 确定肩宽，从颈窝点开始计算，肩宽=2个头宽（或1.5个头长）。然后确定腰宽，腰宽=1个头长（或略小）。接着画出手臂，关节部位用圆形表示，上臂和前臂用梯形表示，手掌用菱形表示，上臂长=前臂长=腰节长。

03 确定臀宽，臀宽略小于或等于肩宽。然后连接腰点和臀宽点，用梯形表示骨盆。胯部最低点在臀部以下1/3个头长的位置。

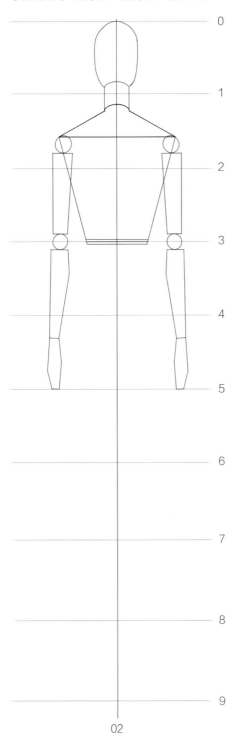

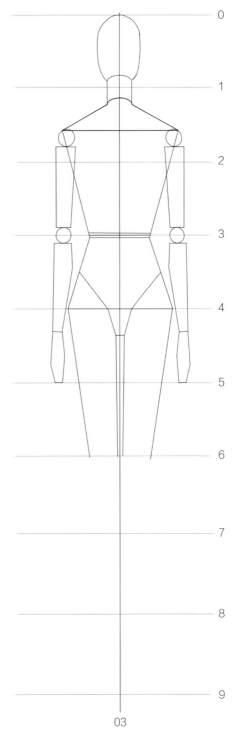

02

03

04 确定两膝宽，两膝宽 =1 个头长，大致分为 2 等份（中间略有空隙）；单膝宽约等于 1/2 个头长。然后确定两踝宽，两踝宽 =2/3 头长，单踝宽约等于 2/3 个单膝宽。

05 画出腿部，大腿长 = 小腿长 =2 个头长。然后画出脚部，脚长 =1 个头长。

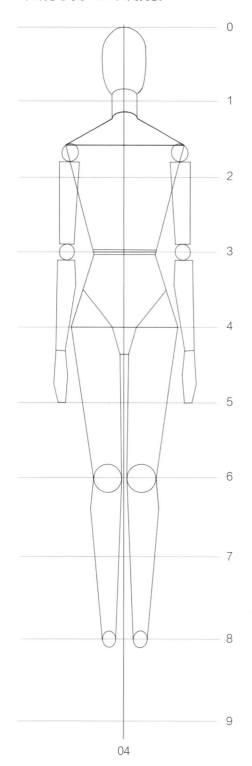

0
1
2
3
4
5
6
7
8
9

04

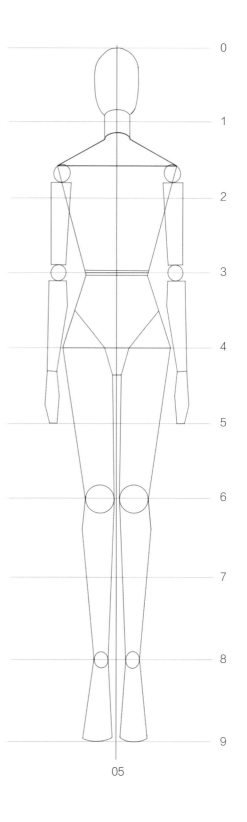

0
1
2
3
4
5
6
7
8
9

05

06 用平滑的线条完整地
绘制出人体的轮廓。

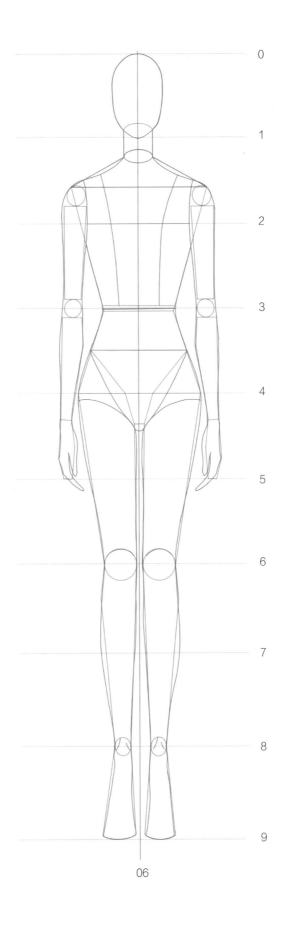

0

1

2

3

4

5

6

7

8

9

06

五官的
表现技法1

Mon | Tue | Wed | Thu | Fri | Sat | Sun

为了将五官介绍得更详尽明了，把这部分知识分为两天的内容来讲，先介绍眉毛和眼睛的画法，再介绍鼻子、耳朵和嘴巴的画法。眉眼是展现模特气质的关键，画好眉眼尤为必要。先介绍单眼结构和双眼比例，再详细展示眉眼的绘制技法，确保读者临摹有方向、练习有方法。

1 五官的几何形态和明暗关系

为了便于读者理解和学习，下面用素描绘画常用的石膏模型来讲解头部，通过几何形体理解五官结构对以后起形有很大帮助。一般用球体概括眼睛，用锥体概括鼻子，用圆柱体概括嘴巴和耳朵。

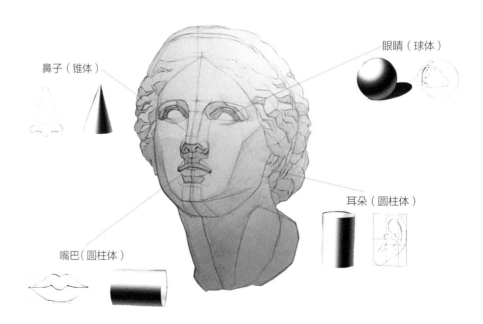

鼻子（锥体）

眼睛（球体）

耳朵（圆柱体）

嘴巴（圆柱体）

掌握了几何形体概念再绘制五官结构就不大难了，接下来需要重点学习的就是如何表现立体感，立体感主要通过明暗关系来体现。将石膏头像放在光源下观察受光情况，光线从左上方射下来时，石膏头像左侧为受光面，右侧为背光面。由于五官结构的影响，同一侧的局部受光也不一样。在后面讲解五官刻画时，会详细讲解局部的明暗关系，以便更好地表现五官的立体感。

2. 眉毛和眼睛的画法

◎ 眉毛和眼睛的结构

眼睛在时装画中是展现模特气质的关键，眼睛主要包括眼球、眼睑、眼角和眉毛。眼球由眼睑包裹，只能看到眼球的一部分，即瞳孔、虹膜和巩膜。由于反射的原因，眼球里的瞳孔旁会有高光，正面角度时高光的面积最大，正侧面角度时高光的面积最小。包裹眼球的眼睑俗称眼皮，分为上眼睑和下眼睑，呈梭状。

眉毛由眉头、眉峰和眉梢组成，眉头到眉峰部分的眉毛向斜上方生长，眉峰到眉梢部分的眉毛向斜下方生长。

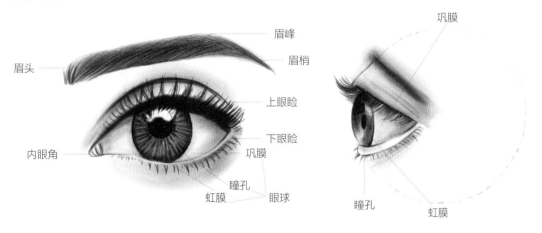

想要画好眼睛，一定要有"球体"的概念。立体感主要体现在眼球与眼睑的明暗关系上。

正面角度的眼睛的眼睑包裹着眼球，透出的眼球大概占2/3，其余部分被上眼睑盖住，在平面上呈梭状。

侧面角度的眼睛眼睑有一定的厚度，因上下眼睑的厚度不一致，导致受光表现也不一致。上眼睑厚重，边缘清晰，在眼球上会有阴影；而下眼睑较薄，边缘模糊。

在绘画表现时，一般加深上眼睑，在眼球上画出投影，而下眼睑则轻画即可，通过这样的明暗关系来表现眼睑的厚度，从而使得眼部的立体感更为突出。由于透视关系，瞳孔随着角度的变化而产生变化。

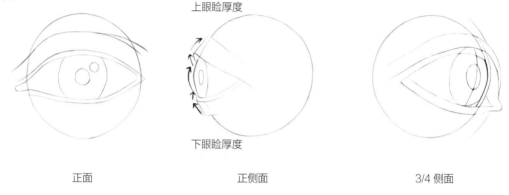

正面　　　　　　　　　　　　正侧面　　　　　　　　　　　　3/4 侧面

◎ **正面眉毛和眼睛的画法**

在单眼的结构认知基础上掌握双眼的比例，是确保眼睛画得准确的关键。具体比例如下。

眼角位置：两眼之间的距离等于一只眼的宽度，即AB=BB′=AA′=单眼宽度。

眼睑位置：上眼睑最高点（C）在外眼角（D）上方的1/3处，下眼睑的最低点（E）在内眼角（F）下方的1/3处。

眉毛位置：眉峰（G）在上眼睑最高点（C）与下眼睑最低点（E）连线的延长线上，眉头到眉峰的距离约为眉宽的2/3，眉峰到眉梢的距离约为眉宽的1/3。

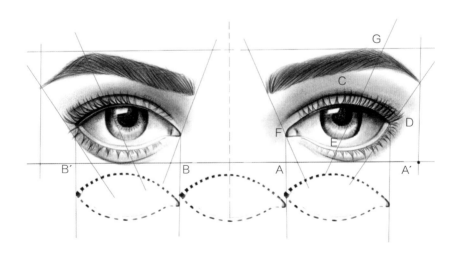

下面讲解双眼的绘制步骤与细节，让绘制出的眼睛在结构正确的基础上显得更炯炯有神。

01　确定两眼间的距离。画一条水平线，平分为三等份，两眼间的距离等于单眼宽度。

01

02　画出眼睛和眉毛的基本轮廓。定出上眼睑的最高点和下眼睑的最低点，然后概括地画出眼睛的几何轮廓，再定出眉毛的位置。

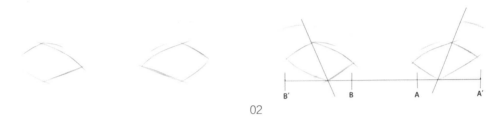

02

03　画出眼部线稿。用平滑的线条画出眼睛的外轮廓，擦去多余的线条。然后画出眼球，并加粗上眼睑，画出上下睫毛。最后完善眉毛和眼窝的形状。

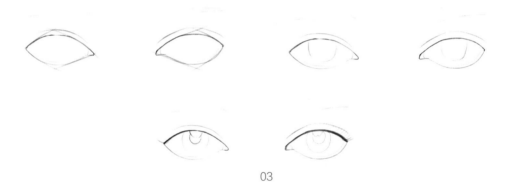

03

04　加深瞳孔，注意留出高光，这样有助于表现眼睛的通透感。用放射状的线条叠色加深虹膜，然后加深眼球边缘和瞳孔周围。

04

05　加深眼线的色调，然后用上浅下深的笔法加深睫毛，注意上睫毛的色调较深，下睫毛的色调较浅。

05

06 完成眉毛上色。用彩铅一根一根地刻画眉毛，画眉头到眉峰（2/3 处）时的用笔方向以向上为主，画眉峰到眉尾时的用笔方向以向下为主。

06

◎ 3/4 侧面眉毛和眼睛的画法

01 由于透视关系的影响，处于 3/4 侧面角度的两眼的距离比正面的距离要短。两眼的大小和眼间距离也不再是同等比例，靠近正面的眼睛宽度大于两眼间距，且大于另一只眼睛的宽度。

01

02 确定比例后画出眼睛的几何形状，与正面眼睛形状相比，侧面的眼睛像是被压缩了的平行四边形。

03 在几何形状辅助定位下画出眼睛的轮廓和眼球。

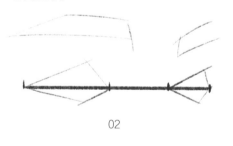
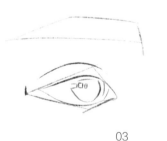

02

03

04 根据正面眼球的画法，完成 3/4 侧面眼球的绘制。

05 根据正面睫毛的画法，完成 3/4 侧面睫毛的绘制。

04

05

06 根据眉毛的走势绘制出眉毛。

06

○ **正侧面眉毛和眼睛的画法**

01 从正侧面看，眼球的球面感更强，且眼睛呈三角形。
先画出一个半圆弧，然后在弧中间画出三角形。

02 在弧线和三角形的交点区域画出眼球。

03 完成眼球的刻画。

04 完成睫毛的刻画，然后绘制出眉毛的轮廓。

05 完成眉毛的刻画。

01

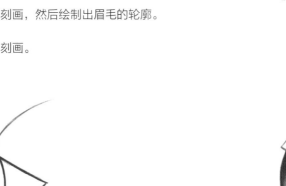

02

03

04

05

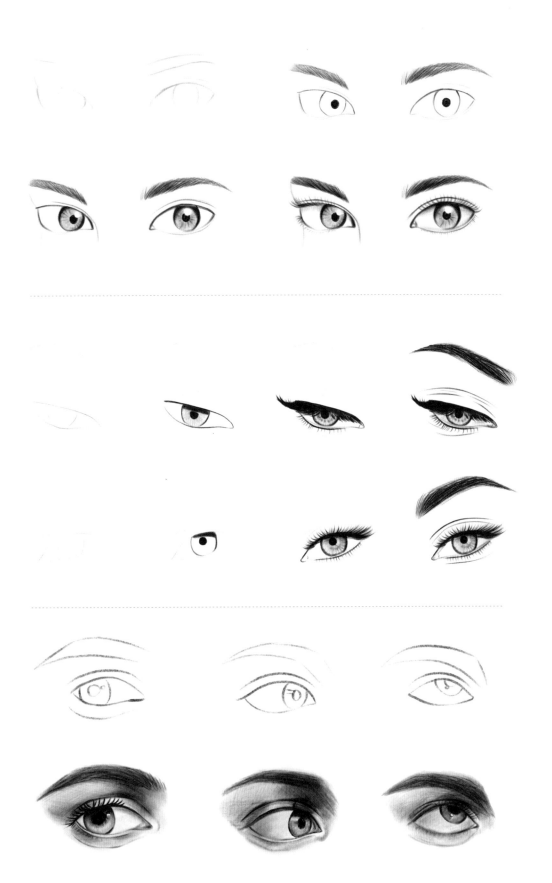

五官的表现技法2

DAY **08**

Mon | Tue | Wed | Thu | Fri | Sat | Sun

鼻子是面部最突出的部位，鼻子的塑造对刻画人物有着举足轻重的作用，直接影响面部的空间效果和立体感；嘴巴是五官中运动范围最大，最富有表情变化的部位；耳朵虽然造型复杂，但是在时装画中大部分被头发遮盖，只要把握住其饱满的外形轮廓特点即可。

1 鼻子的画法

◎ 鼻子的结构分析

鼻子是面部最突出的部位，由鼻根、鼻梁、鼻翼、鼻头、鼻孔和鼻唇沟构成。在时装画中，对鼻子的表现较为简单，可以用3个圆圈起形，定出鼻孔和鼻翼的位置。

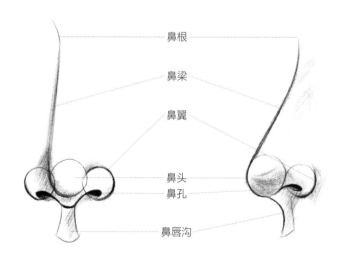

鼻根
鼻梁
鼻翼
鼻头
鼻孔
鼻唇沟

◎ 正面鼻子的画法

01 先绘制一条直线定出鼻底位置，然后取中点画
垂直线，并在中线上画一个圆，接着在圆的两
侧分别画两个小圆。

02 沿着两个小圆的外沿画出鼻翼的轮廓，然后
在两个小圆与大圆的交点处绘制鼻孔。

01

02

◎ 3/4 侧面鼻子的画法

01 确定鼻底位置和鼻子的高度。画出平行四边形，以平行四边
形的长边作为三角形的腰长，画出一个三角形。以平行四边
形的短边作为圆的直径绘制圆形，并在三角形的另一侧也画
出同样大小的圆形。

02 沿着两圆画出鼻头和鼻孔的外轮廓线。

03 在弧线之间画出鼻孔。

04 沿着平行四边形长边轻轻地画一条柔和的曲线作为鼻梁的
厚度，最后擦掉其他辅助线。

01

02

03

04

◎ 正侧面鼻子的画法

01 定出鼻底位置和鼻子的高度，画一个等腰三角形。

02 在鼻底直线上（三角形的两顶角位置）画圆，圆的直径大致等于鼻底直线长的 1/3。

03 沿着两圆画出鼻头和鼻孔的外轮廓，注意鼻头的曲线向外延伸一部分。

04 在两圆中间画出鼻孔。

05 轻轻擦掉其他辅助线。

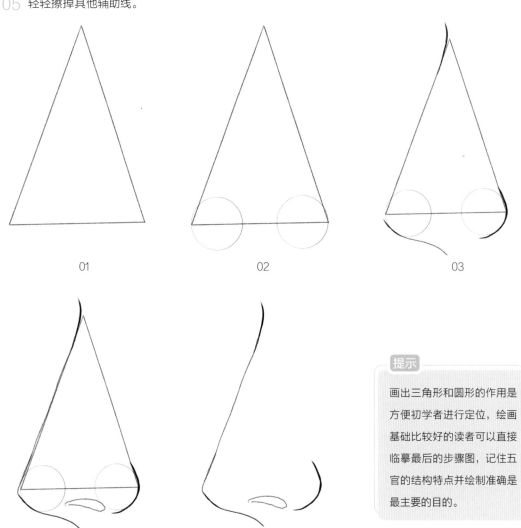

01   02   03

04   05

提示

画出三角形和圆形的作用是方便初学者进行定位，绘画基础比较好的读者可以直接临摹最后的步骤图，记住五官的结构特点并绘制准确是最主要的目的。

◎ 不同角度鼻子的画法赏析与练习

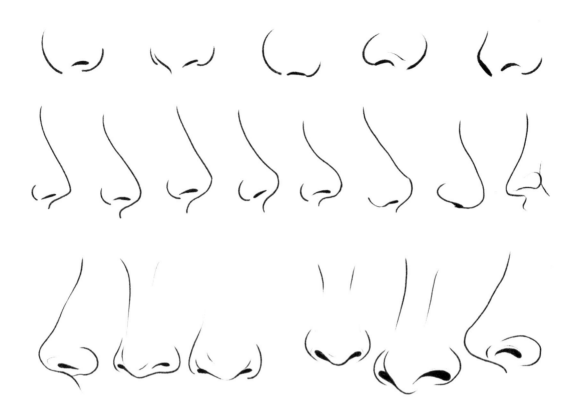

2. 耳朵的画法

◦ **耳朵的结构分析**

　　在时装画中，耳朵的表现并不重要，呈现形式相对简单，尤其是正面角度的，一般用椭圆形表示即可。模特为侧面角度时，耳朵呈现得较为完整，可以观察到耳朵主要由耳轮、耳郭、耳孔、耳屏和耳垂组成。

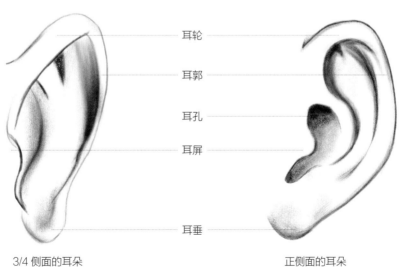

耳轮

耳郭

耳孔

耳屏

耳垂

　　　　3/4 侧面的耳朵　　　　　　　　　　　　正侧面的耳朵

◎ 正侧面耳朵的画法

01 画一个长方形，竖向分为 2 等份，横向分为 3 等份，分别作辅助线。长方形中线位置为耳朵的最高点，长边靠上 1/3 处为耳朵的最宽点，耳朵最低点在中线偏左处。用弧线把这几个点连接起来即可画出耳朵的轮廓。

02 沿着耳朵的外轮廓画出耳轮的厚度。

03 在中间偏下位置画出耳屏和耳孔，然后擦掉其他辅助线。

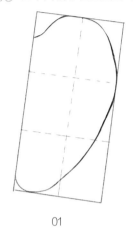
01

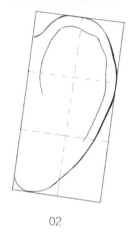
02

03

◎ 正面耳朵的画法

01 由于观察角度不同，比例和绘制方法也不一样。确定耳朵的长度和宽度并绘制一个长方形，然后将长边平分为 4 等份。正面能看到的耳朵最宽点和最高点在长方形的最上方 1/4 处。

02 沿着耳朵的外轮廓画出第 1 等分区域耳轮的厚度。

03 在第 2 等分和第 3 等分区域画出耳孔和耳屏。

04 继续完善耳轮的厚度，由于是正面角度，原本与外轮廓形状一致的耳郭与外轮廓重合了。

05 最后轻轻擦掉其他辅助线。

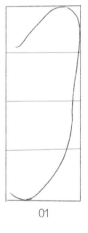
01

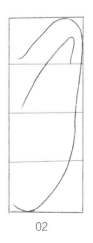
02

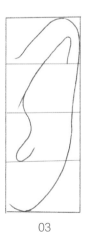
03

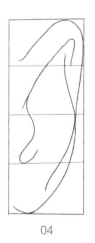
04

05

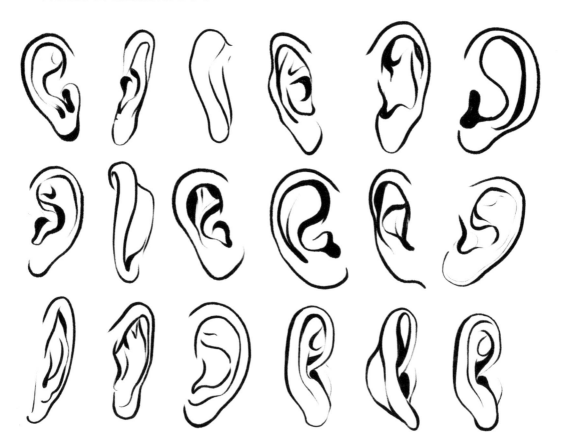

3. 嘴巴的画法

◎ 嘴巴的结构分析

　　嘴巴是时装画中的关键点，很多设计师有只画嘴巴不画其他五官的习惯，可见嘴巴的重要性。嘴巴依附在上下颌骨及由牙齿构成的半圆柱体上，呈圆弧状。嘴巴在造型上由上下唇、唇裂和人中构成。

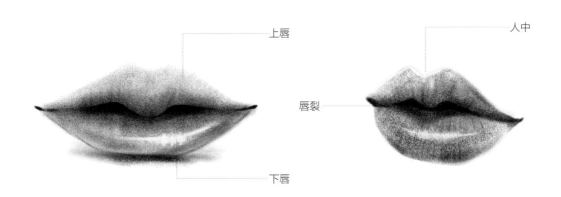

上唇　　人中　　唇裂　　下唇

◎ 正面嘴巴的画法

01 确定嘴巴的长宽比例，画出长方形。唇形上薄下厚，长方形中线偏上为上唇，中线以下为下唇。

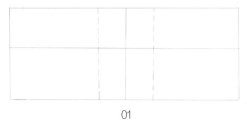

01

02 画出唇中缝，唇裂在中线边缘处。唇中缝类似一个 V 字形，注意左右对称。

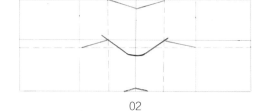

02

03 用较平滑的曲线将唇中缝连起来。

03

04 上唇线和下唇线均用弧线表示，注意下唇的曲线较为饱满。

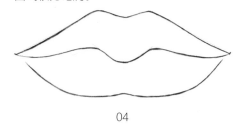

04

◎ 3/4 侧面嘴巴的画法

01 3/4 侧面嘴巴的宽度比正面的小，只能观察到另一侧的 3/4 左右。唇中线在长方形的中线偏左的位置。

02 与正面画法一样，画出唇中缝和唇底。

03 连接嘴角，画出上唇线。

04 用较平滑的曲线完善唇线。

05 轻轻擦掉辅助线。

01

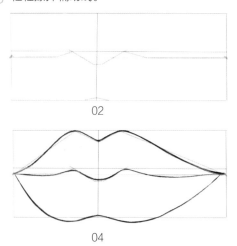

02

03

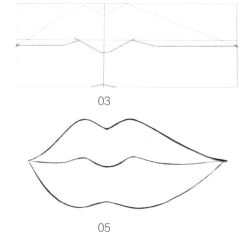

04

05

◎ 正侧面嘴巴的画法

01 确定正侧面嘴巴的长宽比例，并定出上下唇的位置。

02 画出上唇的外轮廓。

03 绘制下唇的外轮廓，然后画出唇中缝和唇底的曲线。

04 轻轻擦掉多余的辅助线。

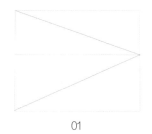

01

02

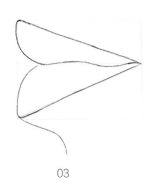

03

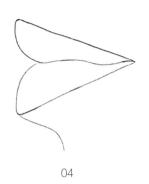

04

◎ 不同角度嘴巴的画法赏析与练习

第9天

头部与发型的表现技法

DAY 09

Mon | Tue | Wed | Thu | Fri | Sat | Sun

虽然在时装画中对人物头部的表现不像人物素描那样特别注重细节的刻画，但由于时装画艺术鉴赏的趋势性，很多插画设计师越来越看重人物头部和发型的表现，一副好看的面孔确实能为整体效果加分。

1. 头部比例

头部比例可以概括为"三庭五眼""四高三低"。

三庭：发际到眉心为"一庭"，眉心到鼻底为"二庭"，鼻底到下巴为"三庭"，三庭宽度相等。按此标准分别画出发际线、眉心线、鼻底线、下巴线，作为面部的横向辅助线。

五眼：平视正面，左眼为"一眼"，右眼为"二眼"，左右眼之间为"三眼"，左眼外眼角到左侧发际边缘为"四眼"，右眼外眼角到右侧发际边缘为"五眼"，五眼宽度相等。平视3/4侧面，由于受透视的影响，五官纵向辅助线发生近大远小的变化。视线范围内仅能看到"四眼"，且"四眼"距离有递增关系。远离视线的眼睛宽度最小，其次是双眼之间的宽度，再次是靠近视线的眼睛宽度，这只眼睛的外眼角与发际边缘之间的宽度最大。平视正侧面，由于透视影响，视线范围内只能看到一只眼睛，宽度为正面眼睛的1/2。按以上标准分别画出五条垂直线，作为面部的纵向辅助线。

四高：平视正侧面，以穿过鼻根位置的垂直线作为辅助线，最高的是额部，其次是鼻尖，再次是唇珠，最低的是下巴尖。

三低：平视正侧面，最低的是两眼之间的鼻子与额头交界处，其次是唇珠上方的人中沟，再次是下唇底端。

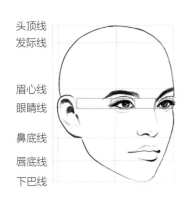
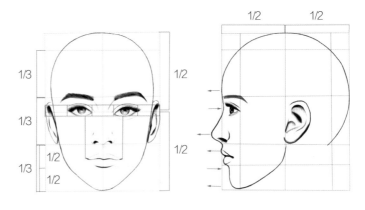

头顶线
发际线

眉心线
眼睛线

鼻底线

唇底线

下巴线

根据"三庭五眼"的横纵向辅助线确定五官的位置。

眼睛位置：位于头顶到下巴的中央。

眉毛位置：位于第1庭底端，眉宽大于眼宽。

鼻底位置：位于第2庭底端，鼻宽等于眼宽。

耳朵位置：占据第2庭，位于正侧头宽的中央。

嘴唇位置：唇底位于第3庭中线处，唇宽等于双眼瞳孔之间的距离。

2. 头部透视

平常观察头部运动时，看似并不遵循"三庭五眼"的标准比例。其实，五官的位置并没有发生变化，"看起来变了"是因为受到了透视的影响。把头部看成一个立方体，处于平视角度时，鼻底位于两耳之间的连线上；处于仰视角度时，鼻底位于两耳之间连线的上方；处于俯视角度时，鼻底则位于两耳之间连线的下方。在后两种情况下，头部的下方或上方都会相应地缩小，头部低于或高于视平线的距离越大，两耳之间的线段与鼻底之间的距离也就越大。

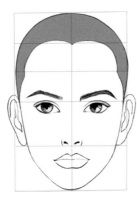

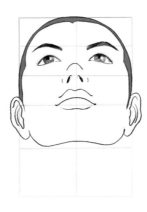

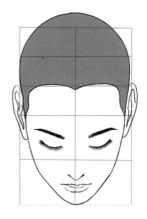

平视角度   仰视角度   俯视角度

3. 头部的画法

　　一般会用椭圆形概括地表现头部，实际上，头部是由多个几何图形组合而成的，形成正面、侧面等转折面，转折面的概念能让头部的立体感表现得更加强烈。为了形象地展示头部，以高尔夫球为例，长钉穿过球心带动球旋转类似于头部的运动轨迹，当一把刀切开高尔夫球侧面，且切得恰到好处时，就形成了类似于头部侧面的转折面，再按照一定比例延长正面的辅助线，补充下巴部位，这样就形成了较为完整的头部结构。

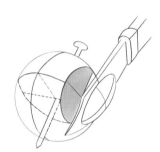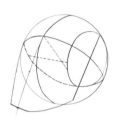

> **提示**
>
> 用这样的模型是为了让初学者更好的认识头部结构，很多教程会讲解如何画圆，然后在画好的圆内按照"三庭五眼"的标准进行切割，这样虽能画出人物正面，但是当人物头部转换成其他角度时，就抓不住"形"了，关键是没有彻底了解头部结构。本书强调"转折面"的概念是想教会大家"以不变应万变"，抓住"转折面"这个结构，就能很好地画出其他角度的头部，并能找准五官的位置。

◎ **正面头部的画法**

　　以圆形概括的方法绘制头部大致分为4步：圆规画圆→削切圆形→建立比例→补画梯形。

01　用圆规绘制一个直径为 2/3 头长的圆形。

02　削切圆形，这一步非常关键。将大圆形垂直方向的直径分为 6 等份，然后画出两个椭圆占 4 等份，分别与大圆内切。椭圆的作用非常重要，用于辅助确定两侧的脸型和轮廓，同时确定发际和鼻底位置。两椭圆的顶点连线为发际线，中心连线为眉心线，底端连线为鼻底线，发际线到眉心线占大圆直径的 2 等份，眉心线到鼻底线占大圆直径的 2 等份。

03　建立比例，根据"三庭五眼"的标准，画出横纵向辅助线。

04　补画梯形，从大圆与椭圆的内切点开始不断向内收，画出梯形。

05　根据"三庭五眼"的标准，确定五官位置，并结合之前所学的五官绘制技法，分别在对应的标记位置画出五官形状。

06　完善五官的细节，完成正面头部的绘制。

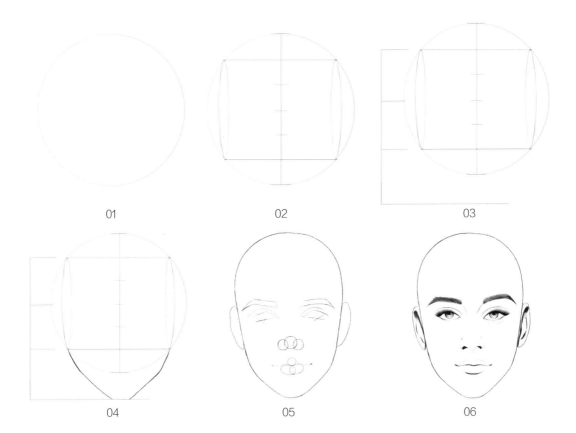

01

02

03

04

05

06

◎ **正侧面头部的画法**

01 用圆规绘制一个直径为 2/3 头长的圆形。

02 将大圆垂直方向的直径分为 6 等份，然后画出一个直径占 4 等份的同心圆。同心圆的作用是辅助确定发际、鼻底和耳朵的位置，同心圆的顶点为发际线，中心线为眉心线，底端为鼻底线，发际线到眉心线占大圆直径的 2 等份，眉心线到鼻底线占大圆直径的 2 等份。

03 建立比例，根据"三庭五眼"的标准画出横向和纵向辅助线。

04 补画梯形，从大圆与眼睛辅助线相交处出发，绘制一条不断向内收的平缓曲线，画出侧脸轮廓。侧脸下巴的水平位置大致在同心圆之间，颌骨在同心圆的中心线上。

05 根据"四高三低"的结构比例画出侧脸五官的外轮廓结构。

06 根据"三庭五眼"的标准确定五官位置，并结合前面所学的起形知识，分别在相应的位置画出五官的形状。

07 刻画五官细节，完成绘制。

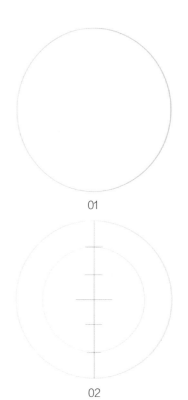

01

02

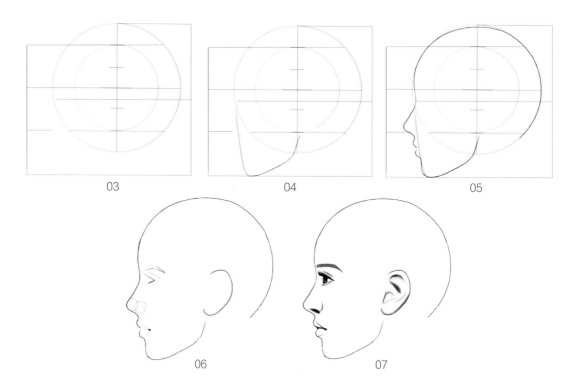

◎ 3/4侧面头部的画法

01 用圆规绘制一个直径为 2/3 头长的圆形。

02 将大圆垂直方向的直径分为 6 等份，然后画出一个直径占 4 等份长的椭圆，短直径小于大圆半径。椭圆的作用是辅助确定发际线、鼻底和耳朵的位置，椭圆的顶点为发际线，中心线为眉心线，底端为鼻底线，发际线到眉心线占大圆直径的 2 等份，眉心线到鼻底线占大圆直径的 2 等份。

03 建立比例，根据"三庭五眼"的标准画出横向和纵向的辅助线。

04 补画梯形，从大圆与眼睛辅助线相交处出发，绘制一条不断向内收的平缓曲线，画出 3/4 侧脸的轮廓，3/4 侧脸下巴的水平位置大致在大圆半径中间，颌骨在椭圆中心线上。

05 根据"三庭五眼"的标准确定五官位置，并结合前面所学的知识，分别在相应的位置画出五官的形状。

06 最后细致刻画五官，完成 3/4 侧面头部的绘制。

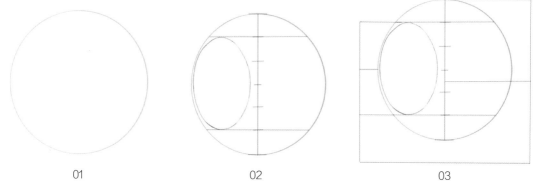

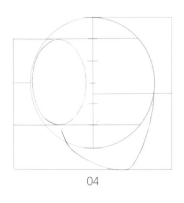
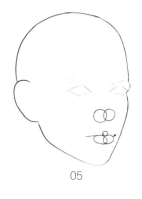
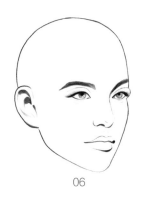

04   05   06

4. 头发的画法

在绘制头发的过程中要注意线条的排列，绘画前将铅笔削尖，注意控制起笔和收笔的力度，用笔要轻且得迅速。绘制中间线条时，力度要均匀，不要过多停顿或重复描画，否则会使线条粗重无质感。健康的头发一般会反射出自然光，形成明亮区域，可采用留白或比较稀疏的线条去表现，再采用比较密集的线条来与之形成对比。

绘制短直发时，可以用利落有规律的线条来描绘。

绘制卷发时，多用弯曲的长弧线表现，可以将线条画得像波浪一样。

绘制整理得体的长发时，可以用轻松的曲线描绘，用笔可以轻松随意一些，多用细密的弧线，把头发的蓬松感表现出来。

◎ 直发的画法

01 绘制出头发的基本轮廓，注意头发与头颅之间的距离，要表现出头发的厚度。

02 画出头发的走势，根据头部结构和发型分组排线。

03 分组画出头发的线条，注意留白，要表现出头发的明暗关系。

04 依次画完其他分组的头发，这样第1层调子基本完成。

05 在第1层调子的基础上继续加深，切忌不能把上一步画出来的关系覆盖了，要在上一步的基础上进行排线加深。

06 在留白处涂上发色，否则过白会显得头发很死板。

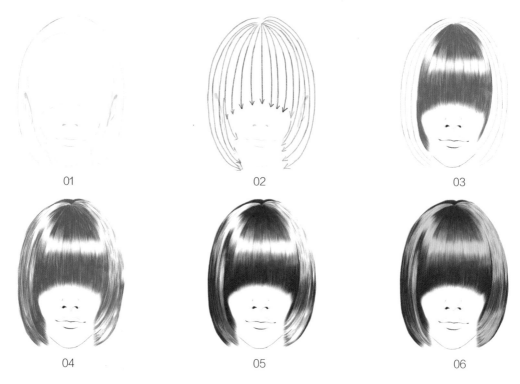

01　　　　　　　　02　　　　　　　　03

04　　　　　　　　05　　　　　　　　06

◎ 卷发的画法

01 绘制出卷发的基本轮廓，注意头发与头颅之间的距离，要表现出头发的厚度。

02 画出头发的走势，根据头部结构和发型分组排线。

01　　　　　　　　　　　　　　　　02

03 第1层调子最浅，分组画出头发的线条，注意留白，表现出头发的明暗关系即可。

04 在第1层调子的基础上加深，第2层颜色较深，切忌不能把画出来的关系覆盖了。

05 调整头发的明暗关系，注意对边缘处松散头发的刻画。

03

04

05

◎ 其他发型的画法赏析与练习

第10天 完整头像的 表现技法

DAY 10

Mon | Tue | Wed | Thu | Fri | Sat | Sun

熟练掌握五官、头部和发型的绘制技法后，就可以开始绘制完整的头像了。

如果对五官的画法和头部结构掌握不够，需要多多练习才能绘制完整头像。完整头像分为正面、3/4 侧面和正侧面的，又可分为精致妆容和简单妆容的，这样能满足不同的学习需求。

1. 头部明暗关系

明暗关系是绘画领域的专业术语，是表现立体关系和空间关系的绘画方法。明暗是指画中物体受光、背光和反光部分的明暗度变化以及对这种变化的表现方法。物体在光线照射下会出现3种明暗状态，被称为三大面，即亮面、中间面、暗面。暗面是背光部分，亮面是中间面受周围反光的影响而产生的暗中透亮的部分，中间面则是介于亮面与暗面之间的部分。

依照明暗层次来描绘，一直是人物绘画的基本方法。专业绘画中还会具体介绍五大调子，时装画中的人物不需要刻画得那么细腻，只需要能表现出人物和服装的立体感即可。

下面用几何体表示人物面部结构，观察在单一光源照射下，人物整体及局部所呈现的影调变化。

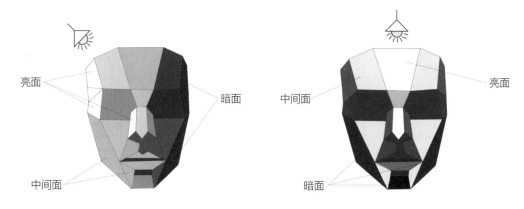

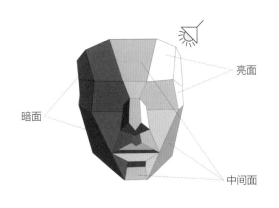
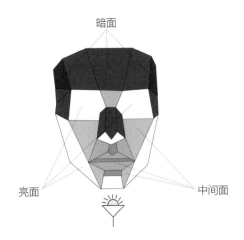

暗面

亮面

暗面

中间面

亮面

中间面

绘制整体头部和局部明暗关系的步骤如下。

第1步：分析光源，用肤色彩铅划分出几个大面（正面、两侧面、下巴）。

第2步：细分出大的凹凸面（额头、发际线、眉弓、颧骨、鼻底、鼻侧、唇底等）。

第3步：根据模特的皮肤特征（光滑、粗糙、白皮肤、黑皮肤）选择彩铅色号，按照由浅到深的顺序铺设颜色，确保各个面的过渡效果自然一些。

第4步：采用排线的方式继续刻画。

2. 正面完整头部精致妆容的画法

01 根据"圆规画圆→削切圆形→建立比例→补画梯形"的方法将头部的大致结构表现出来。

02 根据"三庭五眼"的五官标准，在椭圆形上画出辅助线，然后概括地绘制出五官的轮廓。

03 从发际线位置着手描绘头发，然后擦掉多余的辅助线。

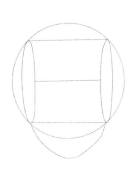

01

02

03

确定光源，如果光线从正上方照下来，额头正中和鼻梁则属于高光部分，两颊阴影较重。用肤色彩铅重复叠加上色，阴影部分叠加次数较多，然后用三菱21#棕色彩铅在鬓角和下巴处加重阴影的色调。

用三菱24#黑色彩铅给上眼睑和下眼睑上色，并轻轻画出睫毛，然后用灰色彩铅绘制瞳孔，注意留出瞳孔的高光部分。

04

05

用深棕色彩铅绘制眉毛，注意眉毛的走势。

用深棕色彩铅绘制眼影。

用浅粉色彩铅绘制嘴唇，注意在下唇丰满处要留白。

06

07

08

用棕色彩铅画出第1组头发，阴影和暗部采用重复叠加的方式加深颜色。

画出第2组头发。

画出第3组头发。

09

10

11

12 用深色彩铅加深第 3 组头发的暗部。

13 用绿色彩铅平涂发带，小圆点则用留白的方式处理，然后用深绿色彩铅画出发带上的褶皱。

12

13

3. 3/4 侧面完整头部精致妆容的画法

01 根据"圆规画圆→削切圆形→建立比例→补画梯形"的方法将头部的大致结构表现出来。该案例为 3/4 侧面，头部略向上抬起，因此等分线不再是水平线，而是根据抬起的角度有所倾斜。

02 根据"三庭五眼"的五官标准，在椭圆形上画出辅助线，然后画出五官的基本形状。

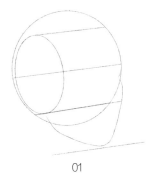

01

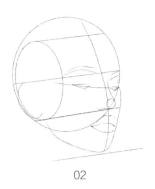

02

03 完善头发、五官和肩颈关系，完成线稿绘制。

04 轻轻擦去辅助线。

03

04

05 确定光源，本案例中的光线正好打在模特的右侧脸部上方，右侧颧骨位置为高光区域，左侧脸部阴影偏重。用彩铅重复叠加多次以表现出基本的明暗关系。

05

06 用三菱 21# 棕色彩铅加深阴影位置，主要是下巴、左侧脸和左侧颈部。

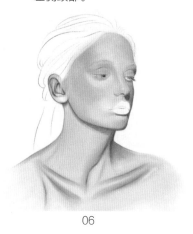

06

07 用三菱24# 黑色彩铅给上眼睑和下眼睑上色，并轻轻画出睫毛，然后用灰色彩铅给瞳孔上色，由于睫毛遮挡，眼睛里的高光区域较少。

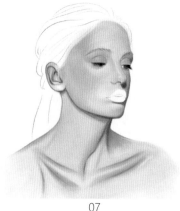

07

08 用深棕色彩铅绘制眉毛。

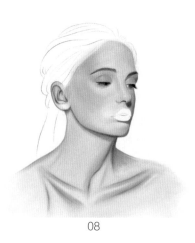

08

09 用粉色彩铅绘制嘴唇。用同色彩铅加深眼影的色调，然后用高光笔轻扫眼影上的反光部分。

09

10 用黄色彩铅画出第 1 组头发。

10

11 继续画出第 2 组头发。

12 用棕色彩铅在底色的基础上加深头发的色调。接近光源处的头发的颜色较浅，远离光源处的颜色较深。

11

12

4. 正侧面完整头部简单妆容的画法

01 根据"圆规画圆→削切圆形→建立比例→补画梯形"的方法将头部结构大致地表现出来。该案例为正侧脸，头部略向上抬起，因此等分线不再是水平线，而是根据抬起的角度有所倾斜。

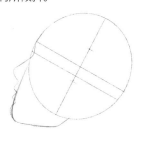

01

02 根据"三庭五眼"的五官标准，在椭圆形上画出辅助线，然后绘制出五官和发型，完成线稿的绘制。

02

03 轻轻擦掉辅助线。

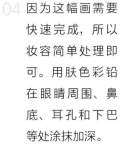

03

04 因为这幅画需要快速完成，所以妆容简单处理即可。用肤色彩铅在眼睛周围、鼻底、耳孔和下巴等处涂抹加深。

04

05 用三菱 24# 黑色彩铅绘
制眼睛。

06 用三菱 24# 黑色彩铅绘制
眉毛，然后用粉色彩铅绘制
唇部。

07 用三菱 21# 棕色彩铅分组
描绘头发。

05

06

07

08 用三菱 21# 棕色彩铅加深头发的暗部，
完成人像绘制。

08

5. 精致妆容头像赏析与练习

6. 简单妆容头像赏析与练习

Mon | Tue | Wed | Thu | Fri | Sat | Sun

四肢的表现技法

DAY 11

由"一竖、二横、三体积、四肢"的运动规律可知，四肢是由躯干牵引带动运动的，起到维持人体重心平衡的作用。绘制四肢时得先了解结构关系，然后用几何形体的形式概括地绘制出结构，再根据动态变化刻画细节。

1. 手的结构分析与画法

◎ 手的结构分析

手由指骨、掌骨和腕骨组成，包括手指、手掌和手腕3部分。从手背看，手掌与四指的长度是相等的，除大拇指外，其他四指的第1节与第2节指骨长度之和与第3节指骨的长度相等。

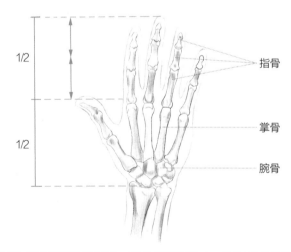

手的运动通过腕部运动与手指运动来实现。因为腕部变化小，所以手的变化主要表现在手指的各种动作上。大拇指活动范围最大，四指并排在一起时顶端形成一定的弧度，注意手指关节在任何动作下均成弧形。

注意四指弧度

注意手腕弧度

注意指关节弧度

◎ 摊开手势的画法

01 观察手掌摊开的状态，大致呈不规则的六边形。

02 画出四指指节，注意指节幅度。

03 画出大拇指指节。

04 修正几何线条，手掌外侧呈柔和的弧度，四指之间连接处均有小凹槽。

05 添加掌纹，完成绘制。

01

02

03

04

05

◎ 放松手势的画法

01 画出手掌的几何轮廓。在自然放松状态下，手掌侧面大概呈不规则的五边形。

02 根据四指的结构画出手指,注意手指的弧度。

03 画出大拇指的指节状态。

04 修正手腕和手掌的形状。

05 用平滑的线条绘制轮廓，然后画出部分手纹和指甲。

01

02

03

04

05

◎ 握拳手势的画法

01 画出手背的几何轮廓。放松状态下握拳，手背大概呈不规则的五边形。

02 画出四指可见部位的指节。

03 画出大拇指和蜷缩的食指指节。

04 整理修正线条。

05 添加手纹。

01

02

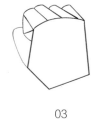

03

04

05

◎ 不同手势的画法赏析与练习

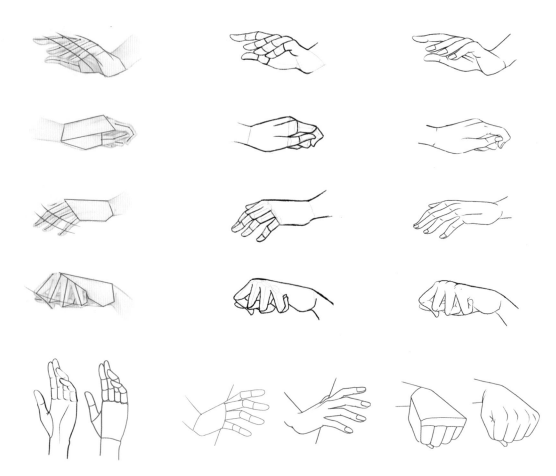

2. 脚的结构分析与画法

○ 脚的结构分析

脚由趾骨、跖骨和跗骨组成，包括脚趾、脚掌和踝骨3部分。从脚背看，脚掌与脚趾的长度是相等的。

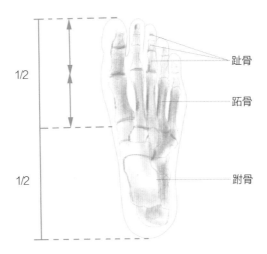

正面的脚透视感较强，可以将其归纳为三角形，踝骨两侧凸起明显，踝骨与脚趾的距离越远，则踮脚的幅度越大，5个脚指头整齐排列的连线呈倾斜的弧度。

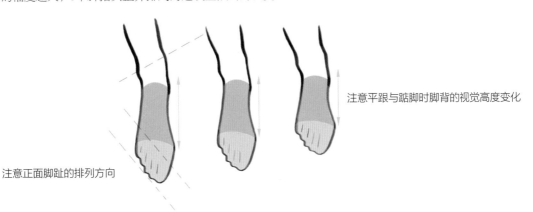

注意正面脚趾的排列方向

注意平跟与踮脚时脚背的视觉高度变化

侧面脚的形态结构较为完整，形状可归纳为三角形，脚后跟呈较饱满的弧形，足弓向上拱起，使足背也向上隆起。

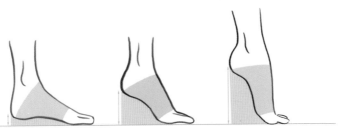

注意侧面脚平跟与踮脚时的高度变化

在时装画中，穿鞋的比较多，鞋的外轮廓基本上是贴合脚的形态，在后面会详细介绍鞋的细节表现技法。

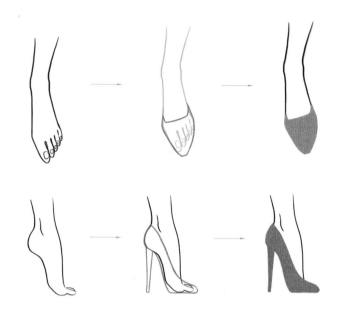

◎ 正面脚的画法

01 画出楔形，并在长边处画出两条弧线作为脚趾的厚度。

02 画出踝关节的形状，注意两侧关节的方向。

03 在两条弧线的基础上画出脚趾。

04 画出关节连接处的纹路，以增强脚的立体感。

| 01 | 02 | 03 | 04 |

◎ 侧面脚的画法

01 先画一个三角形，把足尖切出来。

02 后脚跟部位用较为饱满的弧形表示，注意脚背与脚趾、足弓与脚趾连接处的线条要柔和一点。

03 把脚趾的位置概括地画出来。

04 绘制出踝骨。

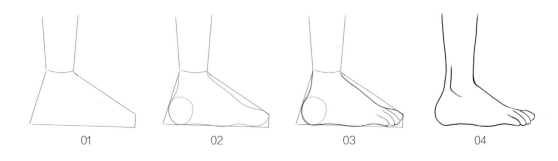

◎ 背面脚的画法

01 画出楔形。

02 用曲线画出脚踝的凸起，用弧线表示脚后跟。

03 用弧线表示跟腱，然后画出关节处的纹路。

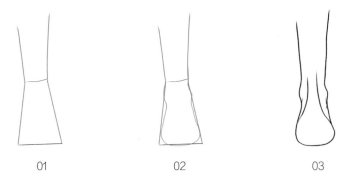

◎ 不同形态的脚的画法赏析与练习

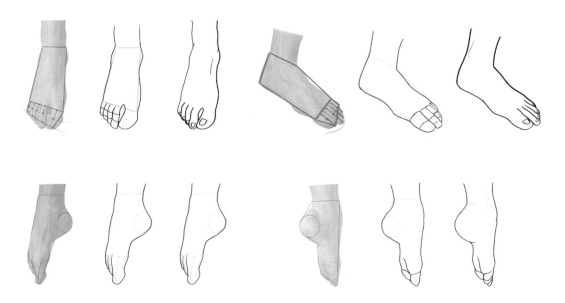

3. 手臂的结构分析与画法

○ 手臂的结构分析

连接手腕的部分称为前臂，由尺骨和桡骨构成，约为1.5个头长。有肱二头肌的部分称为上臂，由肱骨构成，约为1.5个头长。

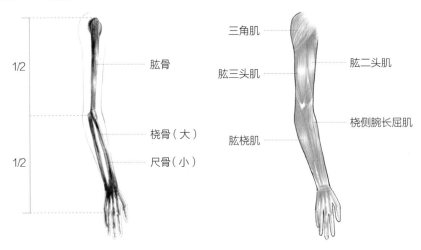

手臂自然下垂时，前臂往身体的前方微微弯曲。手臂外轮廓的曲线随肌群组织呈现起伏变化，画手臂时要格外注意肌肉和肘部的结构，如肱二头肌较发达，曲线幅度较大，肘部关节处线条较粗，手腕处线条最细。

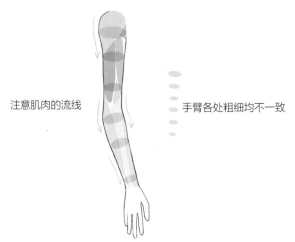

○ 放松状态的手臂的画法

01 用几何图形定出前臂和上臂的大致形状和位置。

02 在几何图形上画出肌肉线条。上臂的根部和肱二头肌比较饱满，有凸出感，用圆滑的曲线表示。一般女性的肌肉不是特别发达，弧线幅度不要太大，否则肌肉感太强。

03 肘部关节凸出，线条隆起。下臂几乎是向内收的平滑直线，到手腕部分时会有关节隆起。

04 手臂的内侧线条较为平滑、顺直，到肘部关节处有轻微隆起。

05　下臂内侧的直线也较为平滑、顺直，到手腕关节处向内轻微收缩。

06　擦掉多余的线条，完成手臂的绘制。

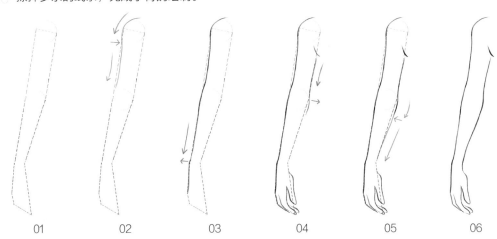

01　　　　02　　　　03　　　　04　　　　05　　　　06

◉ 抬起状态的手臂的画法

01　用几何图形定出前臂和上臂的大致形状和位置。

02　上臂抬起时，三角肌和肱二头肌均受到一定挤压，相比于放松状态的手臂，隆起幅度更高。

03　前臂内侧弯曲弧度较大，肌肉也受到了挤压，有较小幅度的隆起。

04　根据骨骼的走势，前臂外侧靠近肘部处的曲线幅度较大。

05　上臂内侧线条相对平滑，注意手臂与胸部连接处的关系。

06　擦掉多余的线条，完成手臂的绘制。

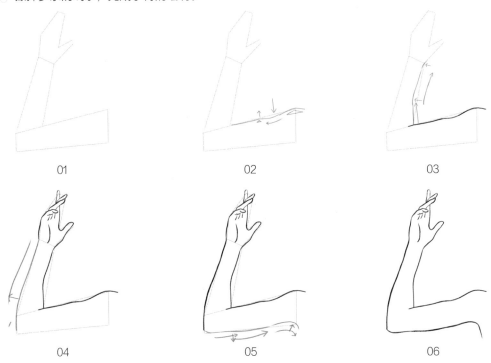

01　　　　　　　　　02　　　　　　　　　03

04　　　　　　　　　05　　　　　　　　　06

◎ 平举状态的手臂的画法

01 用几何图形定出前臂和上臂的大致形状和位置。

02 手臂平举时，三角肌和肱二头肌相比于抬起状态手臂的隆起幅度较小。一般秀场的模特都会有一点肌肉感，注意稍微表达出来即可。

03 上臂内侧处于伸展状态，几乎为直线。

04 根据骨骼的走势，前臂外侧靠近肘部处的曲线幅度较大。

05 内侧线条相对平滑，注意手腕是内凹的。

06 擦掉多余的线条，完成手臂的绘制。

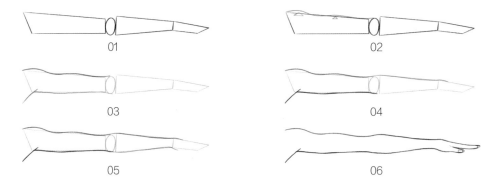

01   02

03   04

05   06

◎ 不同形态的手臂的画法赏析与练习

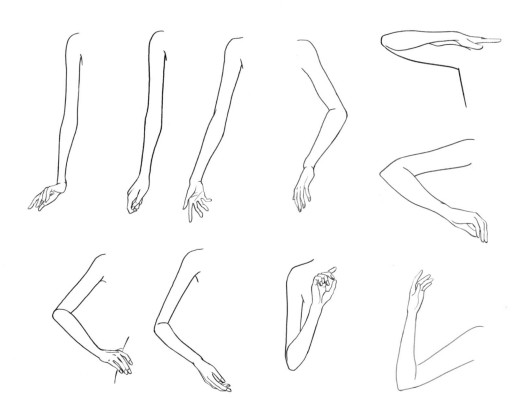

4. 腿的结构分析与画法

◎ 腿的结构分析

　　大腿主要由股骨构成，约为2个头长；小腿由胫骨和腓骨构成，约为2个头长；膝盖正中是上下骨头的交会处。腿部肌肉轮廓较为明显。从大腿正面看，股外侧肌和股内侧肌使大腿内外侧显得饱满且圆润，内外侧线条均有漂亮的弧度，大腿外侧的弧度高点约在大腿1/2处，大腿内侧的弧度高点在大腿下方靠近膝关节处。从小腿正面来看，腓肠肌在小腿内外侧形成绷起的弧线，其中外侧弧线比内侧弧线平缓。

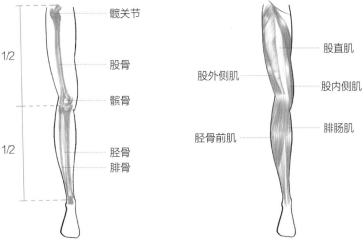

　　绿色标记为腿部的流线，黄色标记为腿部的肌肉轮廓流线。大腿内外侧的高点连线，外高内低；膝关节内外侧的骨点连线，外高内低；小腿内外侧的高点连线，外高内低；踝关节内外侧的骨点连线，外低内高。

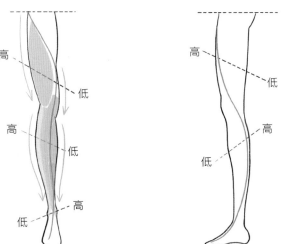

◎ 腿的重心与透视

　　支撑身体大部分重量的腿为承重腿，辅助承重腿保证身体平衡的腿为辅助腿。若以承重腿为轴心，辅助腿以它为中心可以向四周旋转，就像时钟的中心，这样双腿可以产生一系列的组合变化。以模特的秀场走姿为例，前腿向前迈时，支撑全身大部分重量的后腿轻轻落在地面，协助重心腿保持身体的平衡，重心线落在承重腿上；双腿站立时，双腿平分身体重量，重心线落于双腿之间。

由于运动关系，腿部会产生透视变化。以模特秀场走姿为例，前腿作为承重腿往前迈时有视觉拉长效果，臀部上提的高度与膝盖上提的高度一致。后腿作为辅助腿呈透视缩短效果，小腿线条压缩，且最粗部分的位置向上移。

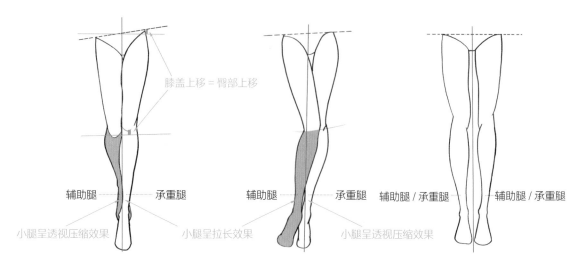

◎ 单腿直立呈放松状态的画法

01　用几何图形定出大腿和小腿的大致形状和位置。

02　大腿外轮廓线较为平滑，曲线幅度较小，几乎为直线。

03　小腿外轮廓线条幅度较大，凸起的最高点在小腿靠上 1/3 处，曲线要体现出肌肉感。

04　大腿内轮廓线条幅度较大，靠近膝盖处有小凸起。

05　小腿内轮廓线条幅度也较大，曲线先收进再凸起再收进。

06　画出脚部，注意脚踝呈内高外低状。

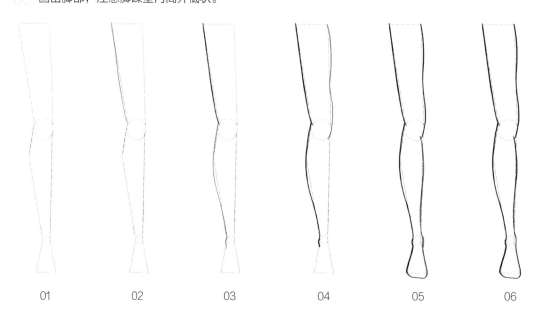

◎ 双腿走路呈平衡状态的画法

01 用几何图形定出双腿行走时的大致形状和位置。

02 画出大腿外轮廓线。

03 由于透视影响，小腿最粗的部分的位置上移，用线条画出小腿的外轮廓。

04 用绘制单腿的方法画出承重腿。注意，由于透视关系，小腿往前迈时会呈现出拉长效果。

05 画出脚部，完成双腿的绘制。

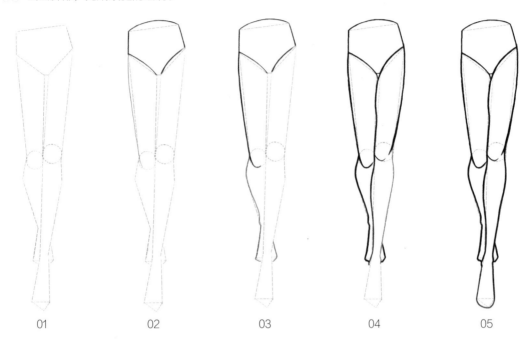

01   02   03   04   05

◎ 不同形态的腿的画法赏析与练习

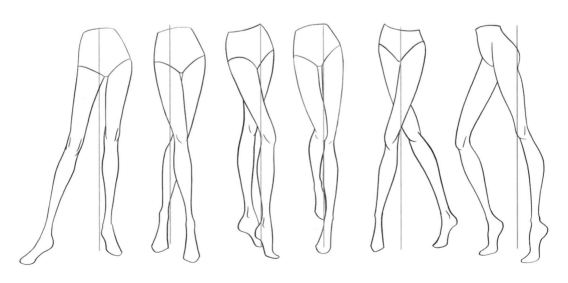

躯干的 表现技法

Mon | Tue | Wed | Thu | Fri | Sat | Sun

躯干是指从肩部到髋骨的区域，是人体的重要组成部分，在绘制时可以用梯形分别表示胸腔和骨盆，下面将对正面、侧面和背面 3 个角度的躯干画法进行讲解。

1. 躯干结构

躯干主要由胸廓（胸腔）、脊柱（腹腔）和骨盆（盆腔）组成。脊柱是带动躯干运动的关键，因此在表现动态造型时，先要分析和判断脊柱的倾斜与扭转变化关系，抓住脊柱这条主线。胸腔是躯干的基础，骨盆向下连接腿骨，承担整个身体的重量。

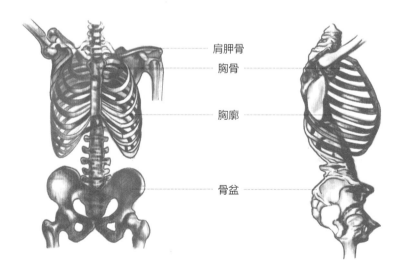

肩胛骨
胸骨
胸廓
骨盆

同样以几何形体的概念来理解躯干的形体结构。胸廓是上宽下窄的倒梯形，骨盆是上窄下宽的梯形。女性的骨盆一般比胸廓要宽，几乎与肩宽相同。

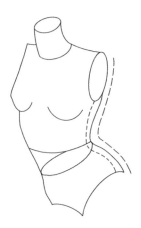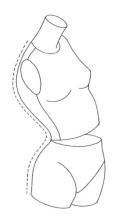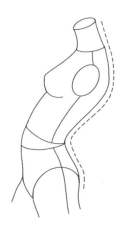

2. 直立状态侧面躯干表现技法

01　画出侧面躯干的几何形态。

02　在此基础上，用顺滑的曲线修正较硬的直线，让臀部和胸部更圆润一些。

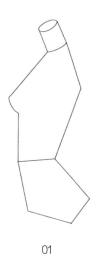

01　　　　　　　　　　　　　　　02

3. 直立状态背面躯干表现技法

01　画出背面躯干的几何形态。

02　在此基础上，用顺滑的曲线将躯干丰满的状态表现出来。

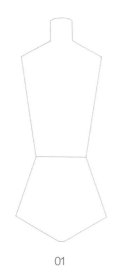

01

02

4. 不同形态的躯干的画法赏析与练习

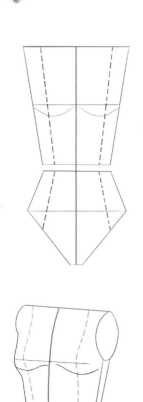

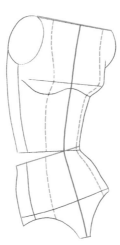

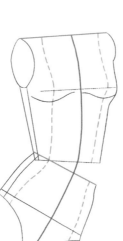

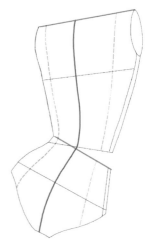

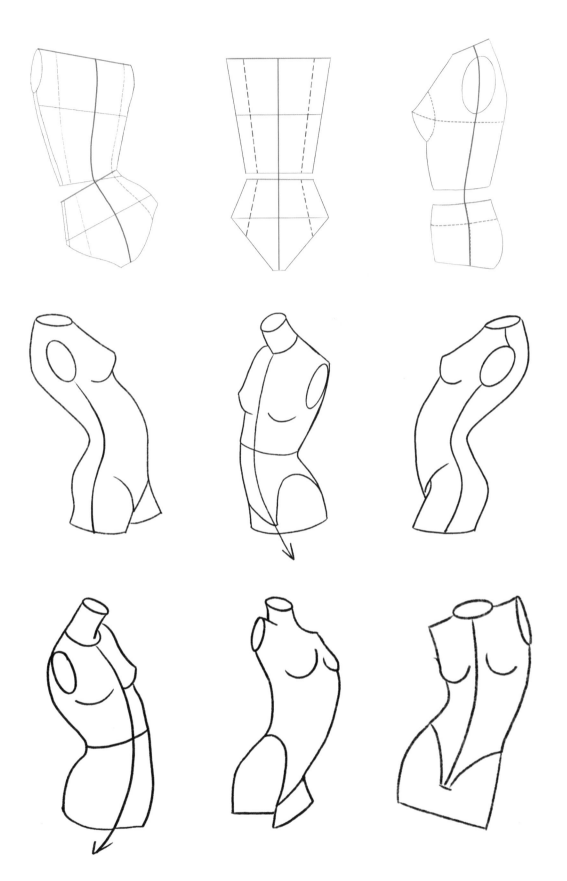

第13天 动态平衡原理与人体行走动态表现技法

DAY **13**

Mon | Tue | Wed | Thu | Fri | Sat | Sun

绘制静态人体站姿时，需要先确定一条垂直于地面的重心线，这条重心线在动态平衡原理中十分重要。下面将围绕重心线与"一竖、二横、三体积、四肢"的关系阐述人体维持平衡的原理，在动态平衡原理基础上一步一步掌握绘制人体站姿和运动状态的技法。

1. 动态平衡原理

◎ 重心线与"一竖"的关系

重心线永远是一条垂直于地面的直线，而"一竖"（中心线）则会随着人体运动而发生变化。人体静止笔直站立时，重心线与中心线重合；当人体处于其他动态时，重心线与中心线分离。

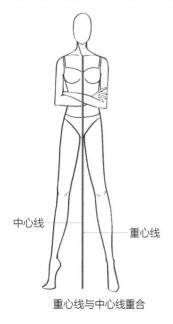

中心线 —— 重心线

重心线与中心线重合

中心线 —— 重心线

重心线与中心线分离

—— 重心线

中心线 ——

重心线与中心线分离

◎ 重心线与"二横"的关系

　　重心线与"二横"（肩线与臀线）没有逻辑关系。两线会带动身体运动，虽然有不同方向的变动，但重心线始终垂直于地面。

　　"二横"的内在关系即肩线与臀线的反向关系。一侧的肩膀向上倾斜，则同一侧的臀部向下倾斜；一侧的肩膀向下倾斜，则同一侧的臀部向上倾斜。

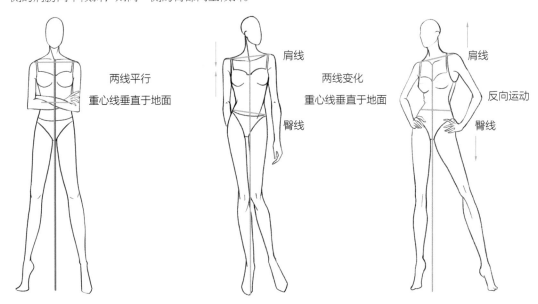

◎ 重心线与"三体积"的关系

　　重心线与"三体积"（头部、胸腔、骨盆）没有逻辑关系。"三体积"随着两线运动而变动方向，体积不发生变化，而重心线始终垂直于地面。

　　"二横"与"三体积"的关系体现为"三不动，两动"，无论人体如何运动，都是"二横"在发生变化，"三体积"均不发生变化。

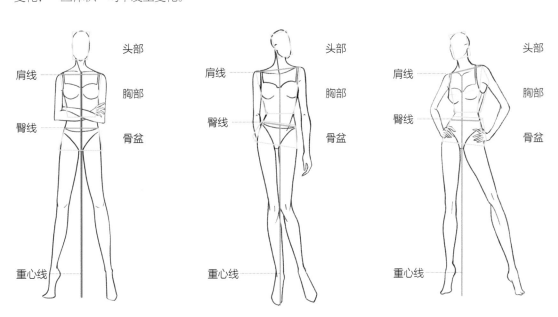

◦ 重心线与"四肢"的关系

重心线与"四肢"中的承重腿有很大关系。

人体静止笔直站立时,两腿互为承重腿(承重腿用紫色表示),均匀承担身体重量,重心线在两腿之间。一条腿承担较多身体重量时,承重腿离重心线越近。一条腿承担身体所有重量时,重心线在承重腿上。

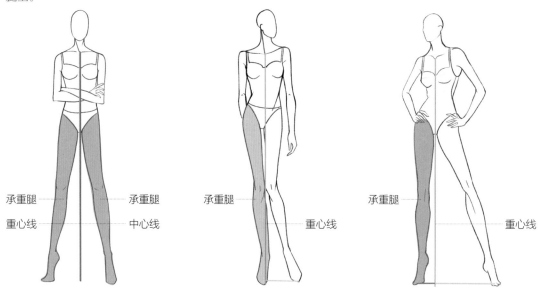

◦ "一竖"与"二横"的关系

下图所示为中心线分别垂直于肩线和臀线,中心线过肩线中点并垂直于肩线,中心线过臀线中点并垂直于臀线。

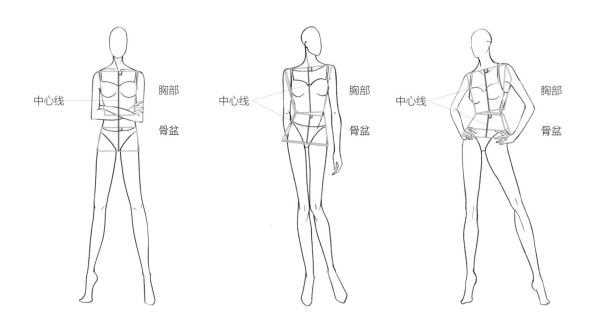

◎ "一竖"与"四肢"的关系

中心线与"四肢"的承重腿有很大关联。

人体静止笔直站立时，两腿互为承重腿（承重腿用紫色表示），均匀承担身体重量，中心线在两腿之间。

一条腿承担较多身体重量时，中心线落在承重腿上。

◎ "二横"与"四肢"的关系

一侧的肩膀下沉，同侧对应的腿为承重腿。

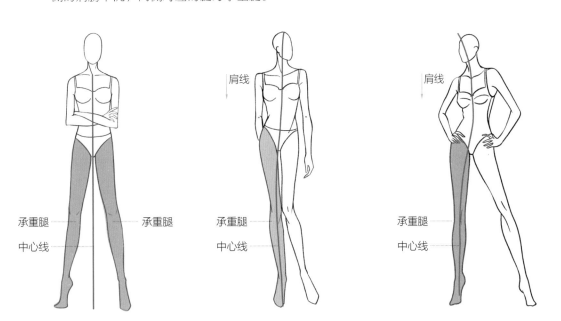

2. 正面人体行走动态表现技法

◎ 人体行走动态平衡原理解析

为了能更清楚讲解正面人体行走的动态原理，接下来在已经讲过的静态人体站姿基础上用动态平衡原理进行解析，这样可以更好地区分二者的相同和不同之处。

根据动态平衡原理，"二横"呈反向运动关系，即右肩下沉，则右臀上提；中心线分别垂直于肩线和臀线。

"二横"与"四肢"的关系：肩膀向下倾斜的一侧对应的腿为承重腿，重心线在承重腿上。

手随着肩膀的运动呈一前一后的姿势。

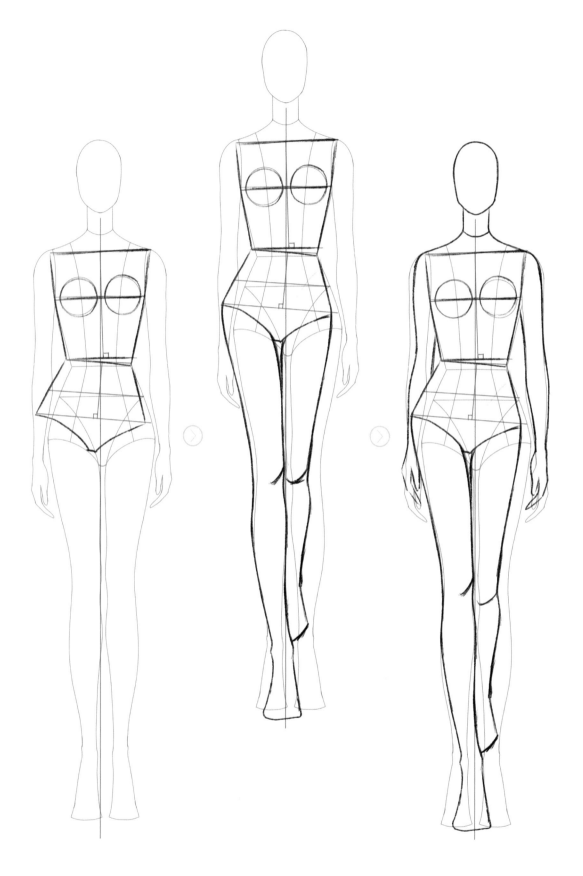

◎ 正面人体行走动态绘制解析

01 确定绘画区域，定出头部和脚部的位置，从头部开始绘制一条重心线，然后将确定的区域（从头到脚的距离）划分为 9 等份，接着绘制头部，用椭圆形表示，头宽为 2/3 个头长。再绘制颈部，用圆柱体表示。

02 绘制上半身，假设模特运动幅度较小，上半身不发生运动，与静态站姿的绘制方式一样。臀线发生变化，则右臀上提。

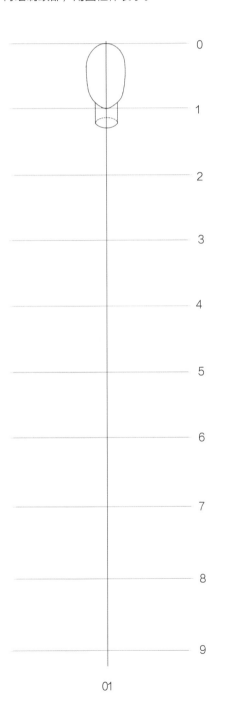

01

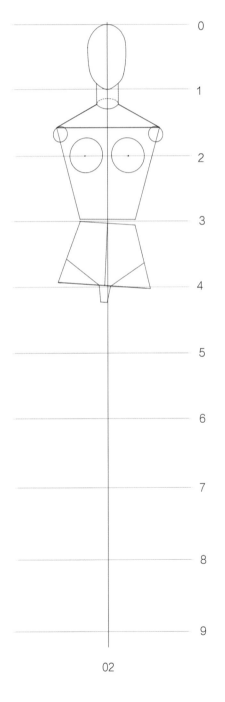

02

右臀上提带动了右膝盖上提，左膝盖下沉。

根据膝盖的定位将腿部线条补充完整，右腿为承重腿位于重心线上。

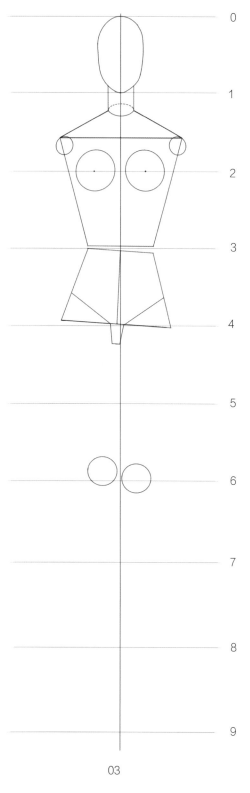

0

1

2

3

4

5

6

7

8

9

03

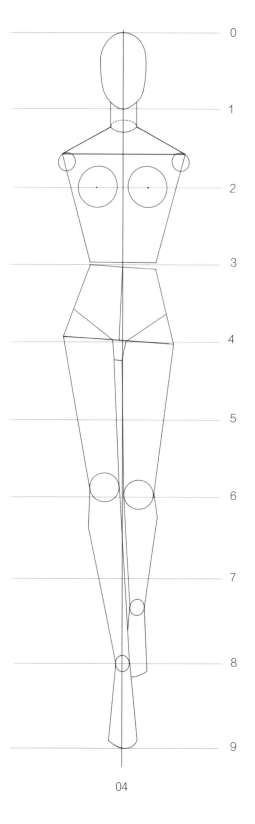

0

1

2

3

4

5

6

7

8

9

04

05 完成手部结构的绘制。

06 在人体结构基础上，用平滑的线条绘制出完整的人体动态。

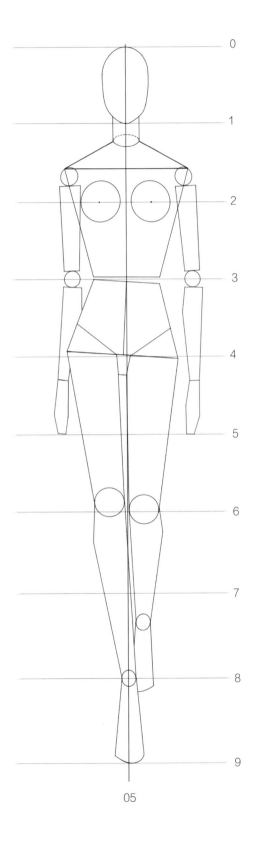

05

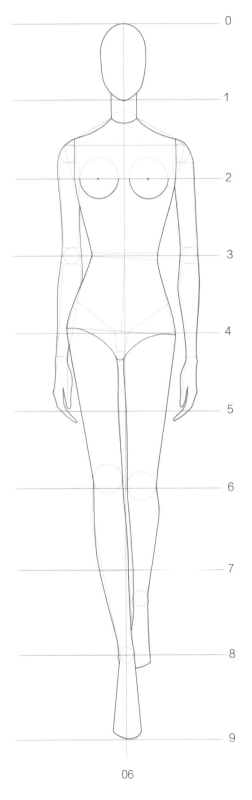

06

第14天

不同人体站姿的动态表现技法

DAY
14

Mon | Tue | Wed | Thu | Fri | Sat | Sun

人体站姿动态在时装画中非常重要，初学者应该勤加练习，当熟练掌握人体结构和比例后，就可以脱离尺子，进行大胆的创作了。

1 人体动态绘制解析：站姿 1

01 确定基本的比例关系，并画出重心线。然后确定模特的"二横"方向，该模特右肩下沉，右臀上提，中心线分别垂直于"二横"，右腿为承重腿。

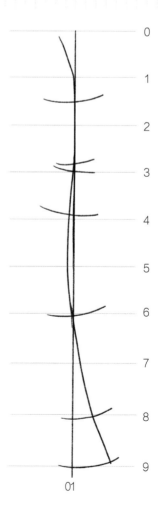

01

02 根据确定的比例关系、重心
　　线和中心线绘制出基本的人
　　体结构。

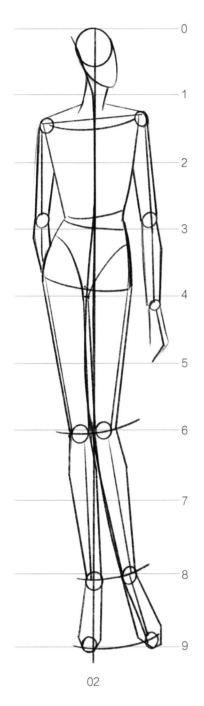

02

03 擦掉多余的辅助线。

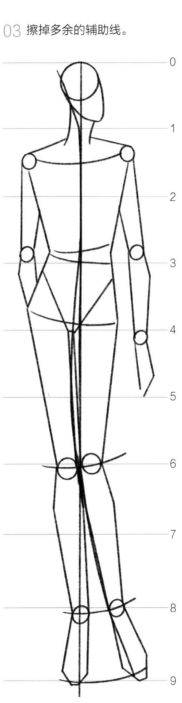

03

04 用平滑的线条绘制出完整的人体
　　动态。

04

2. 人体动态绘制解析：站姿 2

01 确定基本的比例关系，并画出重心线。然后
　　确定模特的"二横"方向，该模特右肩下沉，
　　右臀上提，中心线分别垂直于"二横"，右
　　腿为承重腿。

02 根据辅助线绘制出四肢的运动状态。

01

02

03 完善人体结构。

04 擦掉多余的辅助线，用平滑的线条绘制出完整的人体动态。

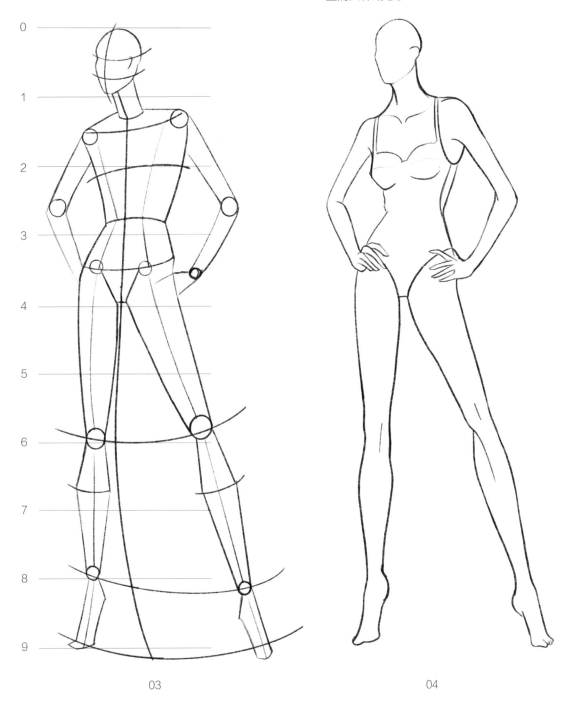

03

04

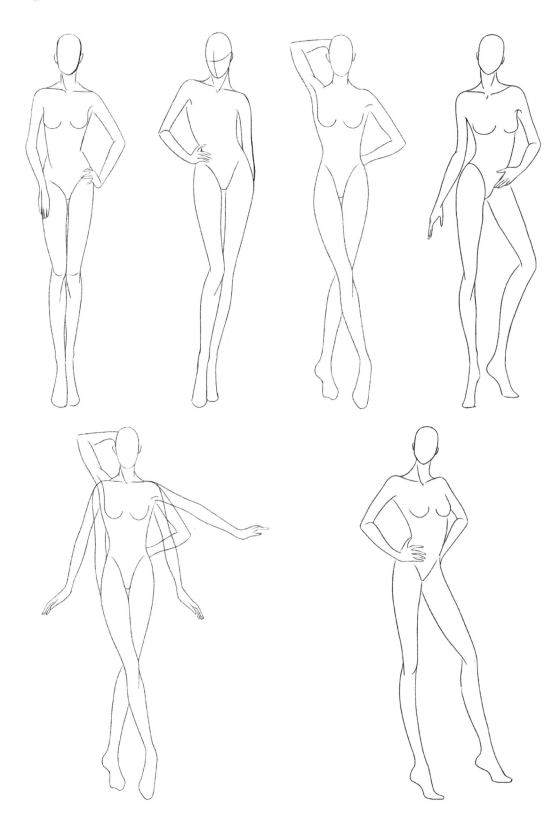

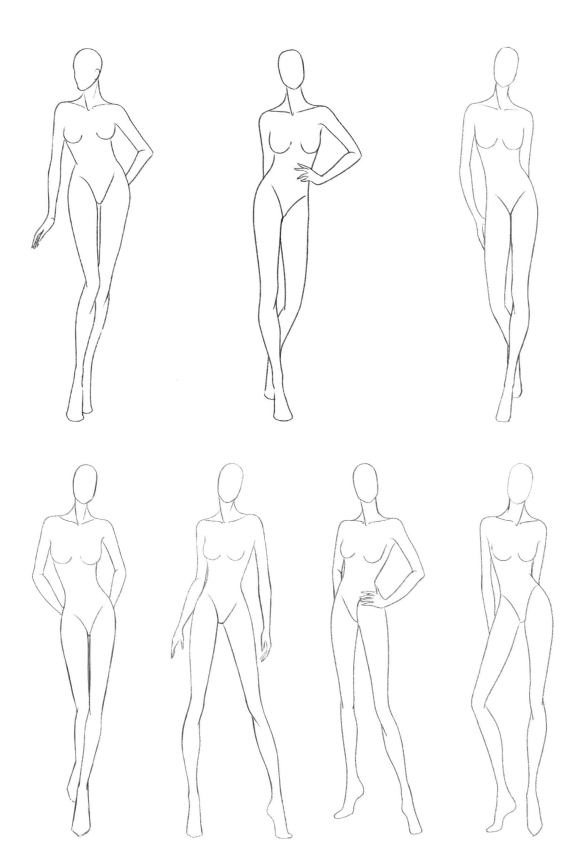

第15天 着装廓形与人体的关系

DAY 15

Mon | Tue | Wed | Thu | Fri | Sat | Sun

下面从着装的廓形入手，讲解服装与人体的关系，初步认识服装廓形的基本知识，并练习绘制不同廓形。初学者可以在静态人体模特画稿上绘制服装廓形，以便熟悉服装与人体的关系。

1. 着装廓形的分类

着装廓形指的是着装后整体外部轮廓所呈现的形态。服装廓形的变化主要通过人体的肩、腰等与服装的下摆这几个关键部位来展现，服装廓形的变化也主要是对这几个部位的强调或掩盖，因其强调或掩盖的程度不同，形成了各种不同的廓形。例如，肩膀与廓形的关系，通过肩线的位置、肩的宽度、形状的变化而产生宽肩与窄肩、袒肩与耸肩等变化；腰部与廓形的关系，通过腰线的高低和收放而产生高腰与低腰、紧腰与松腰等变化；下摆与廓形的关系，通过裙摆和裤腿的大小变化而产生大裙摆与窄裙摆、小脚口和阔腿裤等变化。

廓形的种类非常多，常用字母来概括：A形、H形、O形、X形、T形。这种分类比较形象生动，容易让初学者接受和理解。

A形是一种适度的上窄下宽的平直造型，上衣和大衣一般有宽大的下摆，裙子和裤子均具有紧腰阔摆的特征，呈现从上至下像梯形一样逐渐展开的外形。A形的廓形常见于大衣、连衣裙和晚礼服。

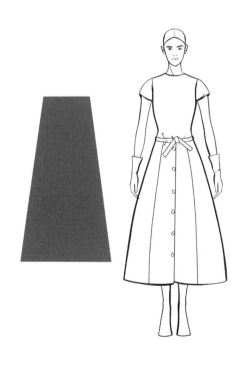

H形也叫箱形或矩形，也有人称其为扁平形，是一种平直的廓形。其特点是平肩、不收紧腰部、直筒型下摆；肩膀与臀部之间的宽度差异小，呈现修长、简约、宽松形态；男性化风格特征明显。

O形的特点是肩部、腰部和下摆没有明显的棱角，特别是腰部线条较松弛，不收腰，上下收口，巧妙掩饰腰线；肩膀造型较为夸张，整体造型比较饱满、圆润，表现出休闲和舒适感。这种廓形常用于大衣、休闲运动装等。

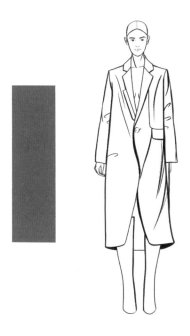

X形是通过塑造宽大的肩部、收紧腰部和自然的臀部，以彰显女性的曲线魅力，通常用于女人味十足的服装。

T形的特点是肩部夸张、下摆内收，形成上宽下窄的造型效果。整体造型夸张、有力度，带有男性的阳刚气，显得十分干练。

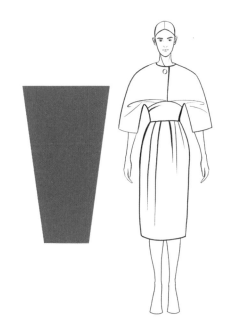

2. 不同廓形服装的绘制方法

下面讲解不同廓形服装的绘制方法。

◎ A 形服装

01 以静态正面人体模特的腰部为起点画出
　　A 形下摆。

02 A 形服装的特点是肩部较窄或为裸肩造型,
　　上身较为贴身。

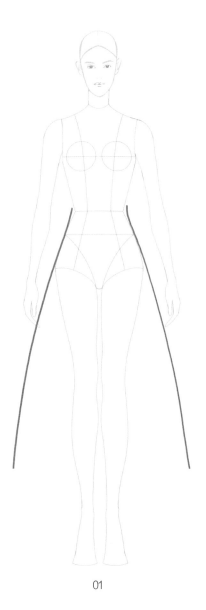

01

02

03 沿着人体模特的轮廓画出上衣的形状。

04 在廓形基础上增添造型元素和衣服褶皱等
细节。

03

04

提示

服装造型元素和褶皱的绘制方法在后面会详细详解。

◎ H形服装

01 以静态正面人体模特的两肩
点为起点，平直向下画两条
线，作为大衣的轮廓线。

02 画出衣领。

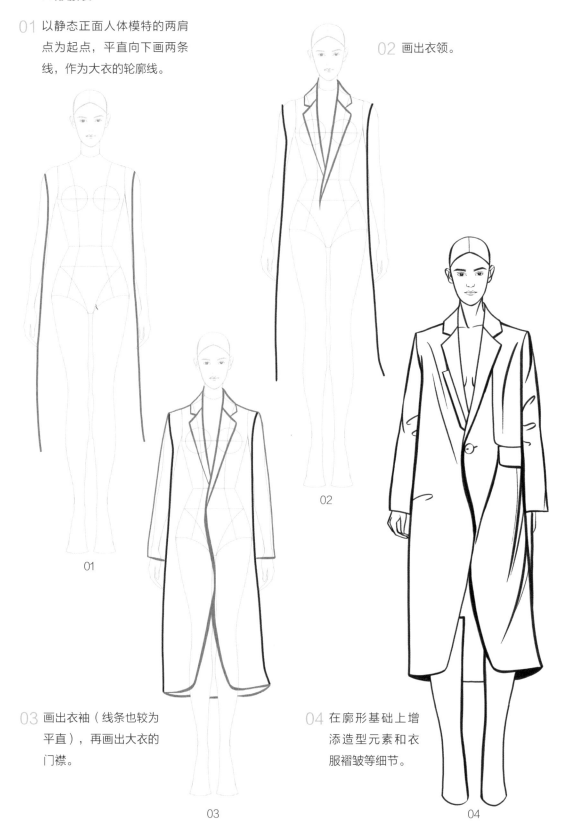

01

02

03 画出衣袖（线条也较为
平直），再画出大衣的
门襟。

04 在廓形基础上增
添造型元素和衣
服褶皱等细节。

03

04

◦ X 形服装

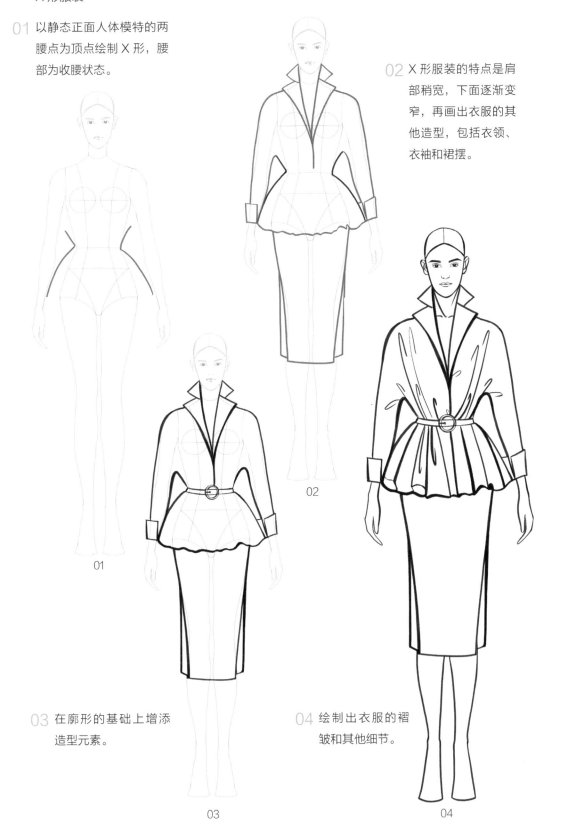

01 以静态正面人体模特的两腰点为顶点绘制 X 形，腰部为收腰状态。

02 X 形服装的特点是肩部稍宽，下面逐渐变窄，再画出衣服的其他造型，包括衣领、衣袖和裙摆。

01

02

03 在廓形的基础上增添造型元素。

04 绘制出衣服的褶皱和其他细节。

03

04

◦ O形服装

01 以静态正面人体模特的两肩点为起点绘制两条弧线，作为大衣的轮廓。

02 画出衣领和门襟，肩部没有棱角，衣袖轮廓也呈弧形。

03 在廓形的基础上增添造型元素。

04 绘制出衣服的褶皱和其他细节。

01

02

03

04

○ T形服装

01 T形服装的特点是肩部较宽，腰
部收紧、自然臀线。画出比肩
膀稍宽的肩线，以夸张肩膀和
袖子，凸显T形服装的特点，
再顺着模特的腰线和臀线画出
连衣裙的腰身和臀部造型。

02 画出衣领。

01

02

03 绘制出连衣裙下
半部分的褶皱。

04 在廓形基础上增添造型
元素并绘制出连衣裙上
半部分的褶皱等细节。

03

04

着装褶皱与人体的关系

Mon | Tue | Wed | Thu | Fri | Sat | Sun

想要正确地绘制褶皱，需要熟练掌握人体结构和着装廓形的知识，只有充分了解人体动态平衡原理，才能正确分析褶皱产生的原因。为了能让读者清晰地认识褶皱的种类，仍以"抓形状"的方式展现，并进行了详细的步骤分解。最后的小练习希望初学者能认真完成，以加强对褶皱知识的掌握。

1 着装褶皱的分类

看似复杂的褶皱，在经过仔细观察和分析后会发现它们是有迹可循的，是肢体发生扭转、拉伸和挤压等一系列运动造成的。想要准确地找到服装褶皱的位置并完整地表现出来，一定要先从人体运动特点入手，了解不同着力点下褶皱的种类和形状。右图模特的动作较为夸张，根据动态平衡原理，模特右臀上提，双手向上抱头，左腿抬起，右腿支撑全身重量。在这种运动状态下，服装产生的褶皱可以归纳为7种。

管状褶皱

兜布型褶皱

之字形褶皱

自然垂落型褶皱

挤压型褶皱

拉伸型褶皱

螺旋形褶皱

为了方便读者记忆和理解，下面用不同的形状来概括不同的褶皱。

管状褶皱：服装面料自然下垂时，被单一支点悬挂，其余部分因受重力的原因而产生褶皱，褶皱形状呈管状。

兜布型褶皱：分开的两个支点（比如双肩、双手）"钉"住服装面料的两个角，让中间部分自然下垂。两个支点距离较近时，产生的褶皱会长一点。褶皱形状呈弧形状或半碗形。

之字形褶皱：当自然垂落的服装面料一端受到阻力呈堆叠状态时，褶皱呈之字形。

自然垂落型褶皱：衣服脱离支撑后，因受到重力影响而产生的褶皱，褶皱方向向下且较长，褶皱呈直线状。

拉伸型褶皱：两个以上的部位以相反的方向施加压力，使服装形成拉伸的效果，褶皱形状呈直线状。

螺旋形褶皱：服装环绕在柱状体结构（如手臂）时产生的一系列堆叠折痕，这样的褶皱很少呈现平行状态，连贯的褶皱形状像弹簧一样。

挤压型褶皱：关节弯曲时，关节上方与下方的服装会朝着关节两侧弯曲的方向聚集，褶皱呈双Z字形。
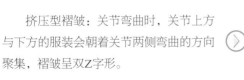  

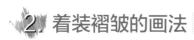

2 着装褶皱的画法

下面通过分步讲解的形式绘制一个案例，以加深对褶皱的概念与形状特点的理解。

01 绘制线稿，包括模特动态、服装款式和简易的五官结构。

02 从上到下分析褶皱形成的原理并进行绘制。人物双手抱头时，双手肘部关节产生支点，其余面料自然下垂，产生管状褶皱。

03 两肩点因抱头姿势距离缩短，衣领处的面料聚集在胸前产生兜布状，形状呈半碗形。

01

02

03

04 人物右臀上提，衣服本可以
自然下垂但因右臀的阻拦而
产生之字形褶皱。

05 左侧的衣服呈自然下垂的状
态，产生自然垂落型褶皱，
用直线表现即可。

06 左腿悬空上抬时，腿部有 3
处产生了挤压，第 1 处是右
臀靠近腰部的位置，第 2 处
是裆部，第 3 处是腘窝处。

04

05

06

07 模特右臀上提时，裤子因
   向上而产生一种拉力，静
   止时在膝盖处堆叠，产生
   一系列螺旋形的褶皱。

09 绘制完成。

08 左膝盖弯曲，外侧产生拉伸，
   膝盖上部尤为明显。

07

08

09

按照前面演示的方法，对人体运动状态进行剖析，并完成所有褶皱的绘制。

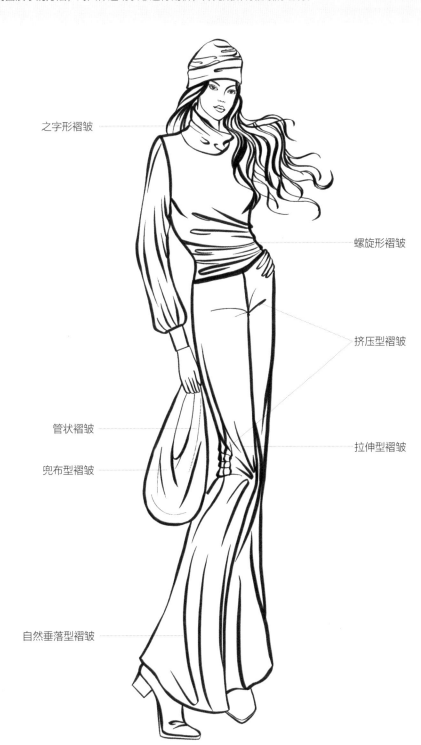

之字形褶皱

螺旋形褶皱

挤压型褶皱

管状褶皱

拉伸型褶皱

兜布型褶皱

自然垂落型褶皱

时装画
线稿绘制解析

DAY
17

Mon | Tue | Wed | Thu | Fri | Sat | Sun

　　时装画线稿绘制是对前面所学知识的总结，包含人体动态、五官、服装廓形、服装褶皱等各方面的知识。熟练掌握了时装画线稿的绘制技法，就能准确地画出人物的"形"和服饰的"美"。

1. 通勤风时装画线稿绘制解析

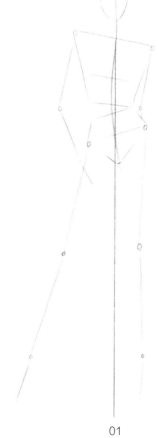

01 起形。根据"一竖、二横、三体积、四肢"和人体动态平衡原理知识，用自动铅笔先画出重心线，在重心线的基础上确定人体的动态平衡关系（动态线）。本案例模特的左肩向下倾斜，右肩向上抬起，左臀上提，右臀下沉。左腿为承重腿，离重心线近；右腿为支撑腿，离重心线远。用直线将人体的"形"基本表现出来。

01

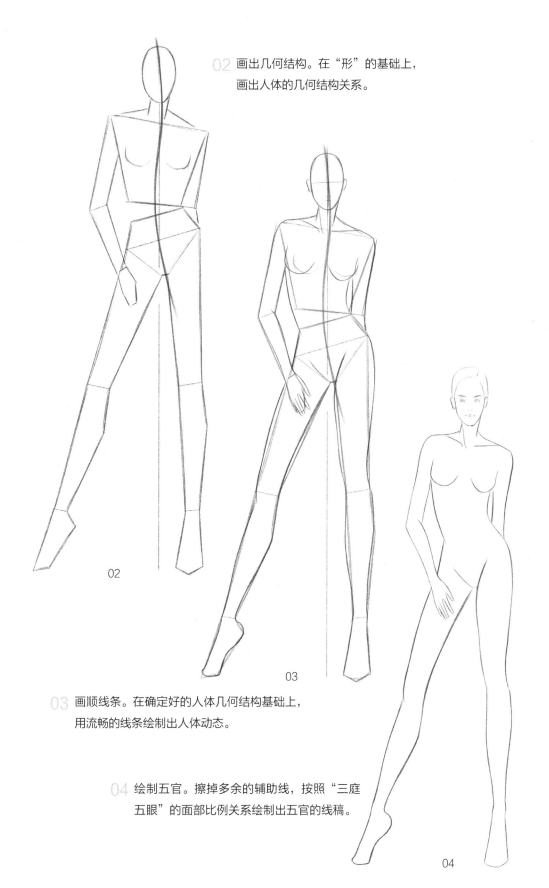

02 画出几何结构。在"形"的基础上，
画出人体的几何结构关系。

02

03

03 画顺线条。在确定好的人体几何结构基础上，
用流畅的线条绘制出人体动态。

04 绘制五官。擦掉多余的辅助线，按照"三庭
五眼"的面部比例关系绘制出五官的线稿。

04

05 表达着装廓形关系。将服装的大概廓形勾勒出来，注意服装廓形与人体的关系。本案例是收腰风衣，X形的廓形，上装较为贴身，腰部收紧，下摆为A字形裙摆，头部戴着较夸张的帽子。

05

06

06 完成服装细节的表达。根据人体运动状态绘制服装的褶皱，然后将服装的细节等装饰绘制完整。

07 用勾线笔勾线。如果不需要进行上色，则可以用勾线笔或针管笔在铅笔线稿的基础上进行勾线，这样绘制出来的效果更好。

07

2. 性感风时装画线稿绘制解析

01 起形。根据"一竖、二横、三体积、四肢"和人体动态平衡原理知识，用自动铅笔先画出重心线，在重心线的基础上确定人体的动态平衡关系（动态线）。本案例的模特为侧身站姿，左肩向下倾斜，右肩向上抬起，左臀上提，右臀下沉。左腿为承重腿，离重心线近；右腿为支撑腿，离重心线远。用直线将人体的"形"基本表现出来。

02 画出几何结构。在"形"的基础上，画出人体的几何结构关系。

01

02

03 画顺线条。在确定好的人体几何结构基础上，用流畅的线条绘制出人体动态。注意人体的曲线美和修长感。

03

04 绘制五官。擦掉多余的辅助线，按照
   "三庭五眼"的面部比例关系绘制出
   五官的线稿。

05 表达着装廓形关系。将服装的大概廓
   形勾勒出来，注意服装廓形与人体的
   关系。本案例是A字形吊带裙，上
   装较为贴身，裙摆呈A字廓形。

04

05

06 完善服装细节。根据人体运动状
   态绘制服装的褶皱，然后将服装
   的细节等装饰绘制完整。

06

07 用勾线笔勾线。如果不需要进行上色，则可以用勾线笔或针管笔在铅笔线稿的基础上进行勾线，这样绘制出来的效果更好。

 优雅风时装画线稿绘制解析

01 起形。根据"一竖、二横、三体积、四肢"和人体动态平衡原理知识，用自动铅笔先画出重心线，在重心线的基础上确定人体的动态平衡关系（动态线）。本案例模特为侧身站姿，右肩向下倾斜，左肩向上抬起，右臀上提，左臀下沉。右腿为承重腿，离重心线近；左腿为支撑腿，离重心线远。用直线将人体的"形"基本表现出来。

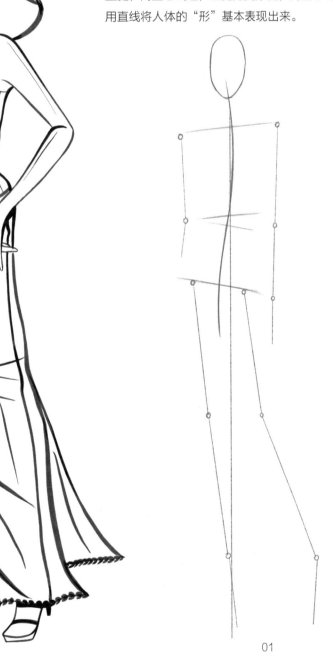

07

01

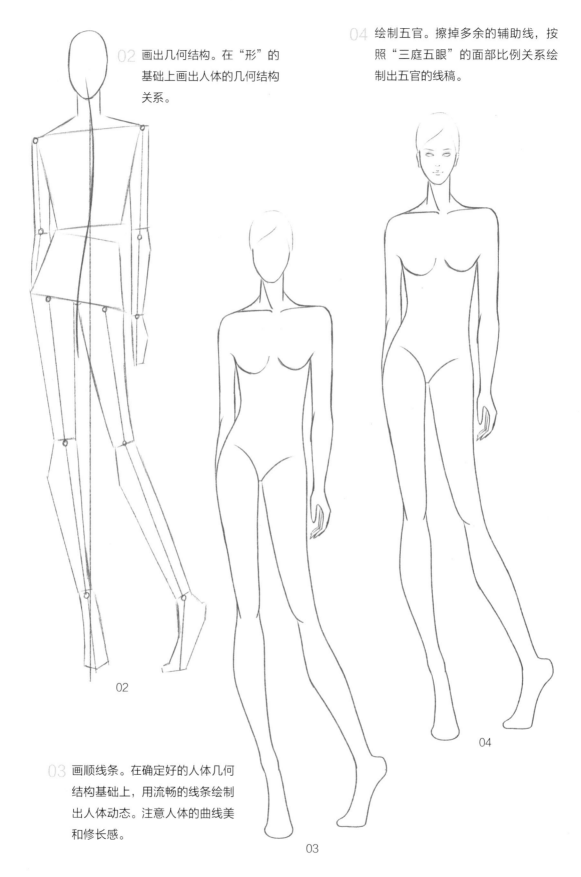

04 绘制五官。擦掉多余的辅助线，按照"三庭五眼"的面部比例关系绘制出五官的线稿。

02 画出几何结构。在"形"的基础上画出人体的几何结构关系。

02

03 画顺线条。在确定好的人体几何结构基础上，用流畅的线条绘制出人体动态。注意人体的曲线美和修长感。

03

04

05 表达着装廓形关系。将服装的
大概廓形勾勒出来，注意服装
廓形与人体的关系。本案例的
上装比较贴身，深 V 领，裙摆
呈鱼尾形。

07 用勾线笔勾线。如果不需要进行上色，
则可以用勾线笔或针管笔在铅笔线稿的
基础上进行勾线，这样绘制出来的效果
更好。注意勾线时线条的粗细变化。

05

06 完善服装细节。根据人体运动状态
绘制服装的褶皱，再将服装的细节
等装饰绘制完整。

06

07

4. 运动风时装画线稿绘制解析

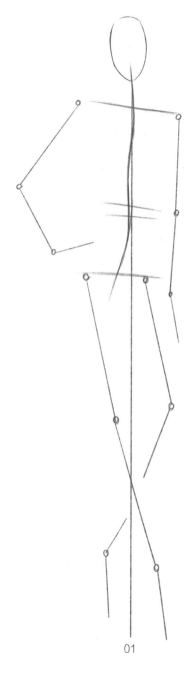

01

01 起形。根据"一竖、二横、三体积、四肢"和人体动态平衡原理知识，用自动铅笔先画出重心线，在重心线的基础上确定人体的动态平衡关系（动态线）。本案例模特为侧身站姿，左肩向下倾斜，右肩向上抬起，左臀上提，右臀下沉。右腿为承重腿，离重心线近；左腿为支撑腿，离重心线远。用直线将人体的"形"基本表现出来。

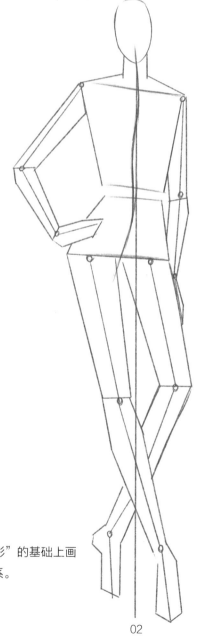

02

02 画出几何结构。在"形"的基础上画出人体的几何结构关系。

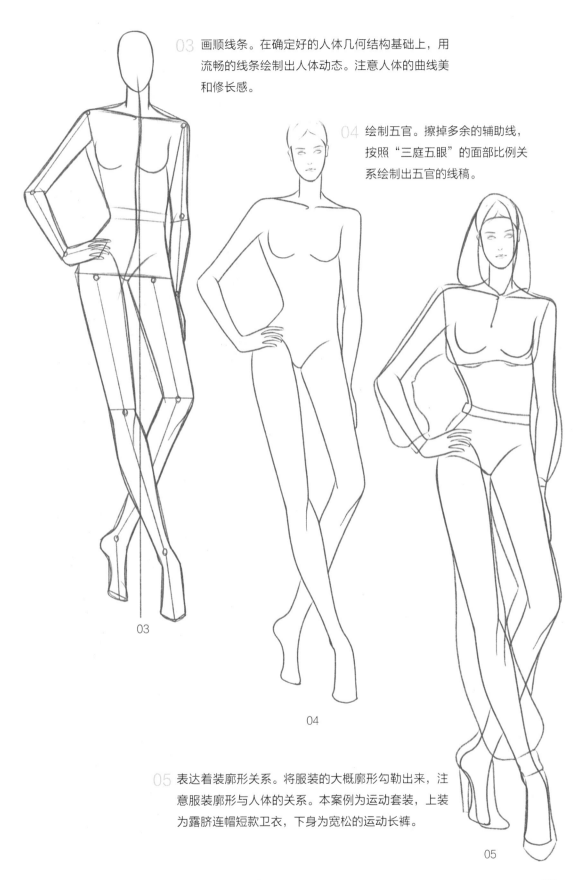

03 画顺线条。在确定好的人体几何结构基础上，用
流畅的线条绘制出人体动态。注意人体的曲线美
和修长感。

04 绘制五官。擦掉多余的辅助线，
按照"三庭五眼"的面部比例关
系绘制出五官的线稿。

03

04

05 表达着装廓形关系。将服装的大概廓形勾勒出来，注
意服装廓形与人体的关系。本案例为运动套装，上装
为露脐连帽短款卫衣，下身为宽松的运动长裤。

05

06 完善服装细节。根据人
体运动状态绘制服装的
褶皱。再将服装的细节
等装饰绘制完整。

06

07 用勾线笔勾线。如果不需要进行上色，则可
以用勾线笔或针管笔在铅笔线稿的基础上进
行勾线，这样绘制出来的效果更好。

07

服装平面款式图绘制基础知识

第3周

Mon | Tue | Wed | Thu | Fri | Sat | Sun

服装平面款式图是一种展示服装款式平面效果的工具图，是在时装效果图的基础上通过简练的线条将服装款式的实际结构和外部轮廓表现出来，可对时装效果图的款式细节、工艺表现等进行辅助细化和补充说明，使之符合技术要求，为服装行业提供通用的、可视化的交流方式。在绘制的过程中，要求比例结构合理，线条清晰明确，画风严谨仔细。

1. 制作服装款式图母版

以绘制好的人体静态结构图作为基准图，绘制服装款式图只要将服装"穿"在模板上，按照款式的要求绘制出来即可。服装款式图的母版分为上半身模板和下半身模板。

材料和工具：直尺、自动铅笔、针管笔、素描纸（或A4打印纸）、硬卡纸。

01 根据人体静态结构图绘制出人台模型。

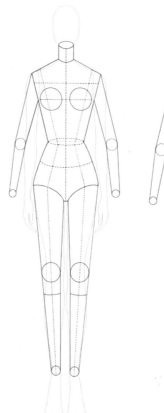
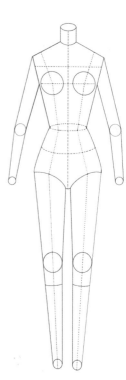

01

02 画出人台模型的领线、肩线、胸线、腰线和臀线。然后将人台模型拷贝在硬卡纸上，并将其剪下来作为母版。

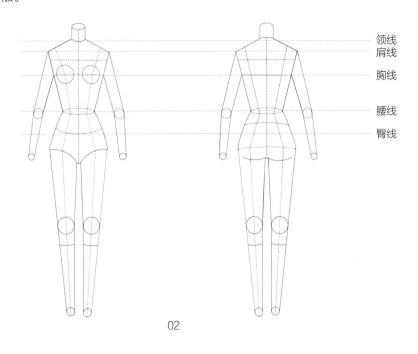

领线
肩线

胸线

腰线

臀线

02

2. 衣领的绘制方法

衣领是服装的亮点，也是服装款式图绘制的第1步。衣领的结构相对比较复杂，分为领窝和领身部分。根据领型的不同，可分为立领、翻领、翻驳领和平领等。

立领：是一种只有领座没有领面的领型，又称竖领。立领结构简单，最易表现，给人以利落、典雅的感觉。从领窝线开始，画出领片的状态。

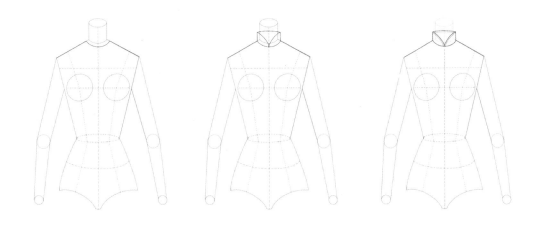

翻领：领面向外翻折，在服装款式图母版上根据领深和领高画出翻折线，再画出适当的领面、肩线和后领座线。

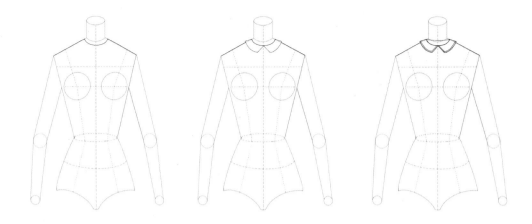

翻驳领：由领座、翻领和驳头组成，也称西装领。在服装款式图母版上根据领深和领高在中心线上画出翻折线，然后在翻折线上画出驳领，再增添翻领样式。

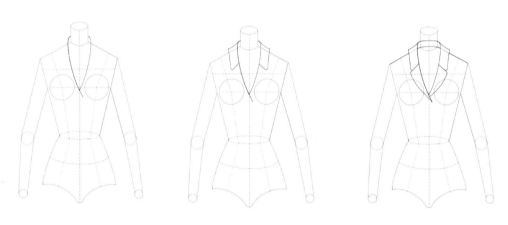

平领：平领的形态由后领翻折的高度、领面的宽度和面料的厚度所决定，平领与翻领不存在严格的界限。平领的领面不受结构约束，可对领面和领角位置进行多样化的设计。

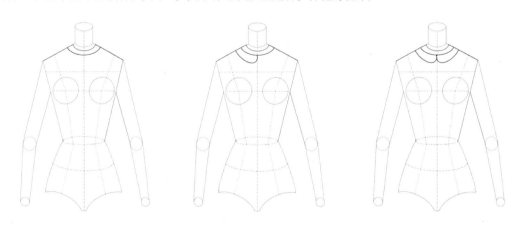

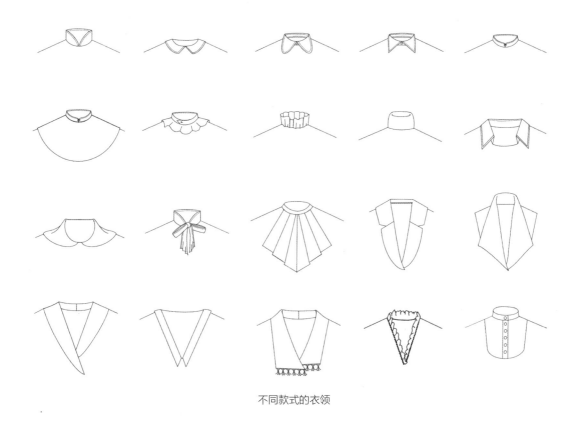

不同款式的衣领

③. 衣袖的绘制方法

　　衣袖的造型是服装款式变化的重要标志。衣袖按长度分为无袖、盖肩袖、短袖、五分袖、七分袖、九分袖和长袖，按是否与衣身相连分为装袖、连身袖，按合体程度分为宽松袖、合体袖和一般袖。

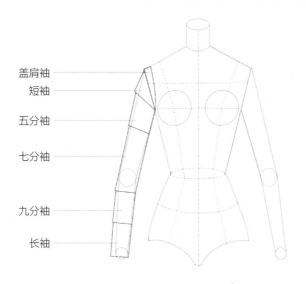

盖肩袖
短袖
五分袖
七分袖
九分袖
长袖

　　按照衣袖袖口的大小分为开放式袖口和收紧式袖口，袖口处可进行不同类型的装饰处理，能营造出丰富的设计效果，如喇叭袖、灯笼袖或羊腿袖等。

不同款式的衣袖

4. 门襟的绘制方法

门襟是上衣前胸部分的开口,是上衣的重要装饰部位。门襟的结构要与衣领或腰头相匹配,按纽扣的排列排数分为双排扣和单排扣,按门襟的长度分为半开襟和全开襟。

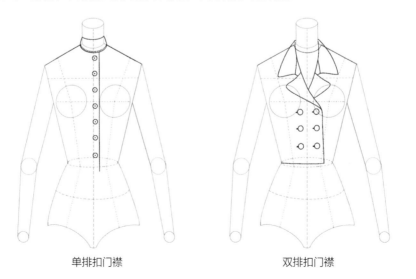

单排扣门襟   双排扣门襟

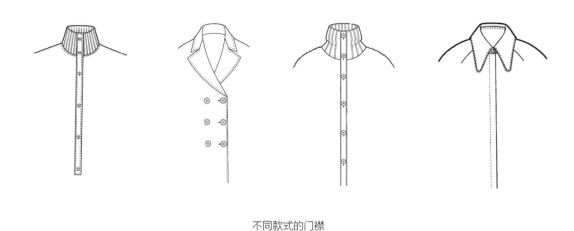

不同款式的门襟

5. 口袋的绘制方法

口袋是服装的主要附件，主要分为贴袋、插袋和挖袋3种类型。挖袋又称"开袋"，是将衣料剪开，用内衬袋布做成的口袋，表面的袋口可以显露，也可以用袋盖掩饰。

不同款式的口袋

上装款式图绘制与赏析

Mon | Tue | Wed | Thu | Fri | Sat | Sun

下面以女装为例，讲解服装款式图的绘制方法。女装是最富有设计感的服装，能呈现千变万化的造型和特征。不同服装款式的绘制要点和细节表现各不相同，初学者可先从上装款式图的绘制开始。

1. 西装款式图绘制与赏析

女士西装式样较多，领型有V字领、青果领和披肩领等。款式分为单排扣和双排扣；衣长也有变化，或短至齐腰处，或长至大腿。造型上有宽松的，也有束腰的。还有用各种图案镶拼组合而成的。女士西装有衣裤相配的套装，也有衣裙相配的套裙。在社交场合，无论是西服套装还是西服套裙的款式都应该简洁大方一些，避免过分花哨和夸张。

披肩领

单排扣

齐臀处

绘制要点：绘制西装款式图，以长弧线表现为主。首先确定西装的造型与长短，其次是衣领的形态、长短、宽窄、形状和装饰形式等，最后确定袖型的结构和衣袋的样式等。

西装款式图的绘制步骤

不同款式的西装

2. 风衣款式图绘制与赏析

随着时代的发展，风衣由只有男式的发展到今天的男女款式并存，式样也变得多了。门襟有双排扣、单排扣、单排门襟暗扣和偏开门襟等；衣领设计有翻驳领、西装领和立领等；风衣的袖子也多种多样，有插肩袖、装袖和蝠袖等。

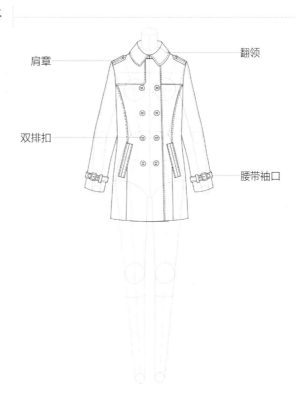

肩章

双排扣

翻领

腰带袖口

绘制要点：由于风衣面料挺括，绘制款式图时多用长直线和短直线结合表现。

风衣款式图的绘制步骤

不同款式的风衣

3. 大衣款式图绘制与赏析

大衣的衣长至膝盖偏下的位置，以大翻领为主，廓形以收腰式和茧型等为主，门襟样式有单排扣和双排扣两种。

落肩

大翻领

单排扣

长袖口

绘制要点：大衣的廓形是最重要的，不同廓形的大衣款式图的重点绘制位置和绘图手段也不相同。大衣面料厚实、柔软，一般需用长弧线表现。

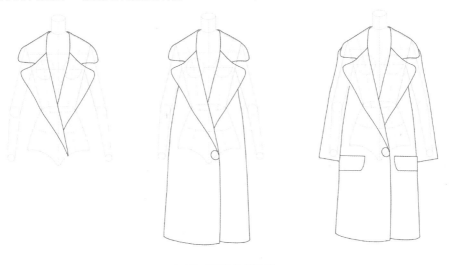

大衣款式图的绘制步骤

不同款式的大衣

Mon | Tue | Wed | Thu | Fri | Sat | Sun

下装包括裙装和裤装两大类。在接下来的讲解中，会详细介绍裙装和裤装的类别，并对一些常见款式下装的绘制方法和绘制要点进行讲解，同时还提供了很多赏析图，读者可以跟着练习。

1. 半裙款式图的类别与简介

根据裙腰（裙子的上端紧束于腰部的部位）在腰节上的位置，分为低腰裙、无腰裙、自然腰裙、连腰裙和高腰裙等；根据裙身廓形区分，分为直筒裙、A字裙、大摆裙和礼服等。

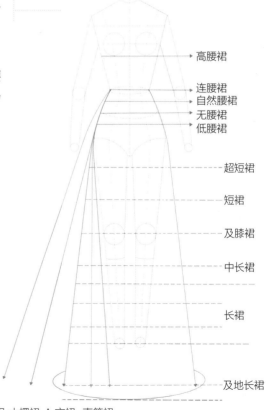

礼服 大摆裙 A 字裙 直筒裙

根据裙长区分，分为超短裙（裙长至大腿中部及偏上）、短裙（裙长至膝盖以上）、及膝裙（裙长至膝盖）、中长裙（裙长至膝盖以下，小腿中部以上）、长裙（裙长至小腿中部以下）、及地长裙（裙长及地或拖摆）。

2. 直筒裙款式图绘制与赏析

直筒裙的外形呈直筒状，其款式变化主要集中在腰头、开衩和结构线上，再配合一些局部装饰和面料拼接等。

绘制要点：从臀部开始自然下垂，臀部以下裙宽均一致。

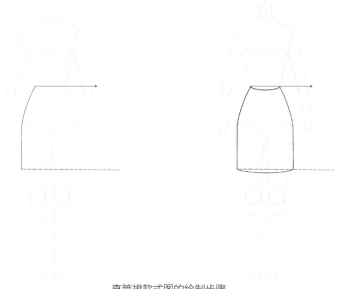

直筒裙款式图的绘制步骤

  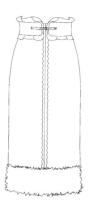 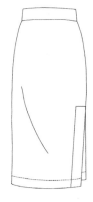

不同款式的直筒裙

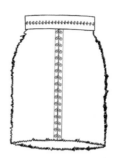

不同款式的直筒裙（续）

3. A字裙款式图绘制与赏析

A字裙的外形轮廓呈A字形，造型给人以活泼、俏丽、浪漫的感觉。

绘制要点：从腰部至底边斜向展开呈A字形。

A字裙款式图的绘制步骤

不同款式的A字裙

不同款式的 A 字裙（续）

4. 鱼尾裙款式图绘制与赏析

鱼尾裙上部与腰臀和大腿相贴，下摆呈鱼尾状，能很好地体现女性柔美的身体线条感。

绘制要点：按照直筒裙的绘制方法绘制鱼尾裙的上部，再从直筒裙的长度位置至裙尾底边斜向展开呈A字形画出鱼尾褶皱。

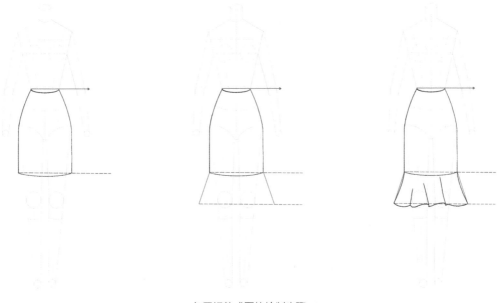

鱼尾裙款式图的绘制步骤

不同款式的鱼尾裙

5. 百褶裙款式图绘制与赏析

百褶裙的裙身由很多细密、垂直的褶皱构成。褶皱间距为2~4cm，少则数十褶，多则上百褶。

绘制要点：先画出A字裙，再在裙身内沿着A字形画出多条褶皱。

百褶裙款式图的绘制步骤

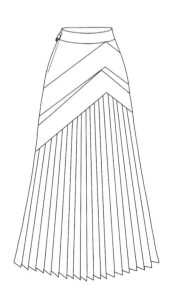 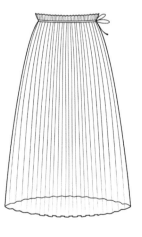 

不同款式的百褶裙

6 裤装款式图的类别与简介

根据裤装的长度区分，可分为短裤、五分裤、七分裤、九分裤和长裤。

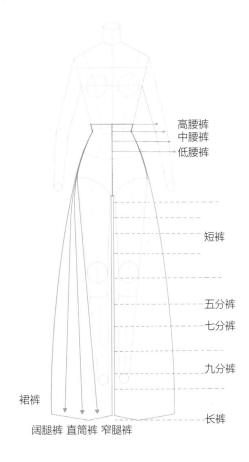

高腰裤
中腰裤
低腰裤

短裤

五分裤
七分裤

九分裤

裙裤

长裤

阔腿裤 直筒裤 窄腿裤

根据裤装的廓形区分，可分为铅笔裤、烟管裤、直筒裤、喇叭裤、阔腿裤和灯笼裤等。

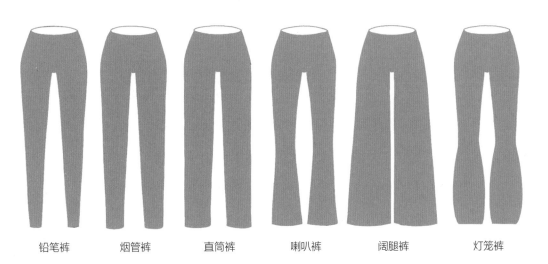

铅笔裤　　　烟管裤　　　直筒裤　　　喇叭裤　　　阔腿裤　　　灯笼裤

根据裤装腰线的高低区分,可分为超低腰裤、低腰裤、中低腰裤、中腰裤和高腰裤。

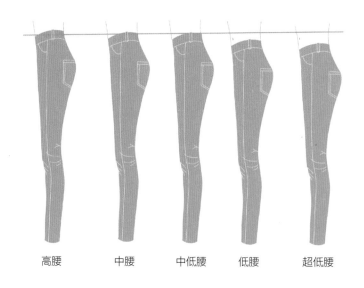

高腰　　　中腰　　　中低腰　　　低腰　　　超低腰

根据裤装裆部的高低区分,可分为高胯裤、中胯裤和低胯裤。

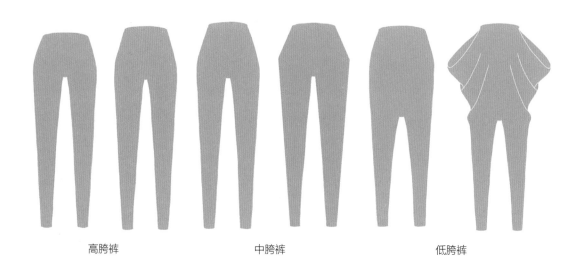

高胯裤　　　　　　中胯裤　　　　　　低胯裤

7. 窄筒裤款式图绘制与赏析

窄筒裤又称锥形裤,是最常见的裤子款式,整体呈倒梯形。
绘制要点:臀部略大,脚口收小,即裤子自上而下逐渐变小。

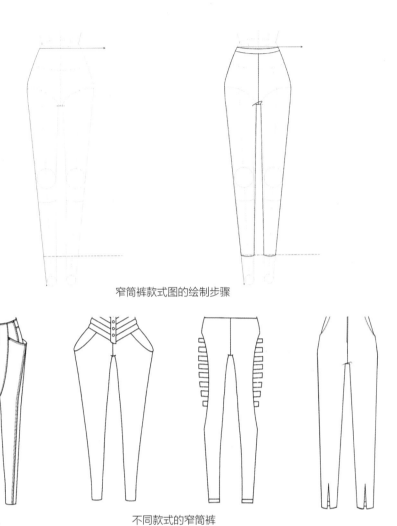

窄筒裤款式图的绘制步骤

不同款式的窄筒裤

8. 直筒裤款式图绘制与赏析

直筒裤整体造型呈长方形，中裆或中裆偏
上部位至裤脚口呈直筒状。

绘制要点：直筒裤的臀部比较合体，再从
臀部画直线到裤脚。

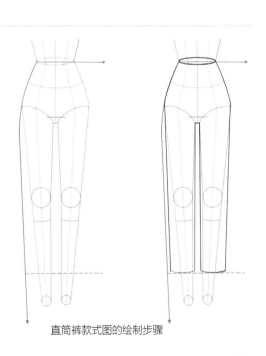

直筒裤款式图的绘制步骤

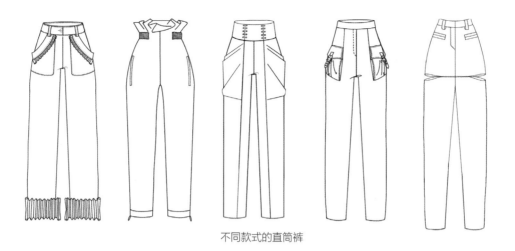

不同款式的直筒裤

9 喇叭裤款式图绘制与赏析

喇叭裤臀围处收紧，整体造型呈梯形。多采用低腰结构，横裆围也较小。

绘制要点：从中裆略上处开始至脚口处逐渐增大，脚口呈喇叭状。

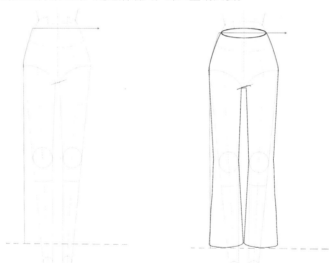

喇叭裤款式图的绘制步骤

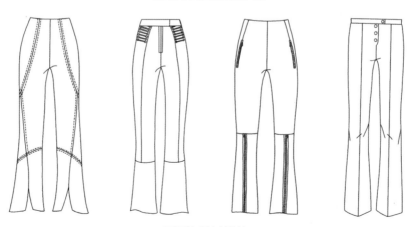

不同款式的喇叭裤

10. 阔腿裤款式图绘制与赏析

　　阔腿裤臀围以下很宽大，但腰腹和臀的剪裁非常贴身。阔腿裤提高腰线后，在视觉上有拉长双腿比例的效果。

　　绘制要点：从裤腰到臀部的外轮廓线较贴合人体结构，从臀部开始斜向展开呈A字形。

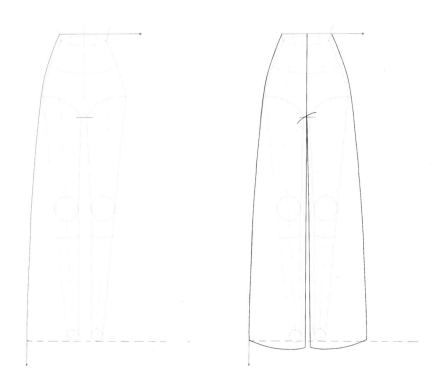

阔腿裤款式图的绘制步骤

不同款式的阔腿裤

第21天

一体装款式图
绘制与赏析

DAY 21

Mon | Tue | Wed | Thu | Fri | Sat | Sun

连衣裙和礼服是一体装的代表款式，种类多，细节丰富，受到很多女性的青睐。本书综合案例部分的款式基本上也是以连衣裙和礼服为主，因此熟练掌握一体装款式图的画法尤为重要。

1. 连衣裙款式图绘制与赏析

连衣裙，又称连身裙、袍衫裙，是指上衣和下裙相连的服装。按照腰线高低可分为低腰型和高腰型两大类，低腰型是根据接腰的位置按衣长的比例而定，如果裙子是喇叭形或抽裕形、打褶形，则下摆较大；高腰型是接腰位置在腰围线以上的裙子，大多数的形状是收腰、宽摆。按照裙身特点也可分为贴身型、带公主线型和帐篷型等。按照袖型可分为吊带裙、无袖裙、短袖裙、中袖裙和长袖裙等，如下图所示。

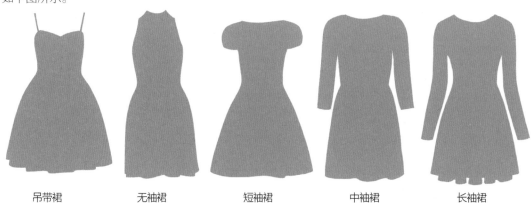

| 吊带裙 | 无袖裙 | 短袖裙 | 中袖裙 | 长袖裙 |

绘制要点：连衣裙款式图的绘制步骤与上衣的绘制步骤是一致的，从衣领开始，自上往下，确定腰型和下摆，再依次绘制细节。

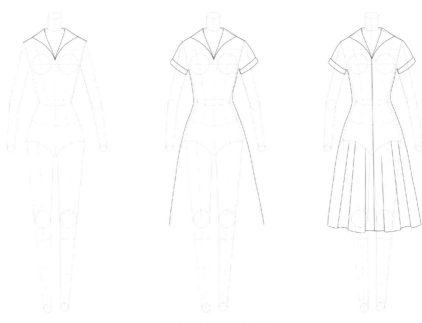

连衣裙款式图的绘制步骤

不同款式的连衣裙

不同款式的连衣裙（续）

2. 礼服款式图绘制与赏析

　　黑色的礼服象征着神圣、端庄，白色的礼服象征着纯洁、高雅。礼服可分为大礼服、常礼服和小礼服等。大礼服适合非常隆重的场合，一般为袒胸露背的单色连衣裙，可分为拖地式或不拖地式两种，穿该类服装应配有相同颜色的帽子，戴长纱手套及各种名贵的头饰、耳环、项链等。常礼服主要用于白天的庆典、婚礼和教堂礼拜等场合，一般包括质地和颜色相同的上衣或裙子，以及与之相匹配的帽子和手套。小礼服主要用于一般性的晚宴和文艺晚会等场合，多为露背式单色连衣裙，长至脚背，但不拖地。

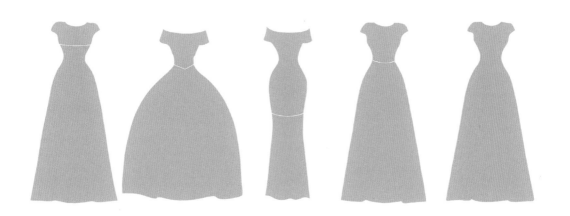

绘制要点：礼服一般都是长款拖地大摆型的，绘制时常用柔和的弧线表现。

礼服款式图的绘制步骤

不同款式的礼服

不同款式的礼服（续）

服装配饰绘制与赏析

Mon | Tue | Wed | Thu | Fri | Sat | Sun

> 服装配饰是时装界追求时装"视觉美"表现效果而产生的实物载体，其材质多样、种类繁杂。服装配饰逐渐演变成为服装表现形式的一种延伸，配饰从原来单纯对美的追求，不断被赋予更多的内涵，具有鲜明的时代特性和引领时尚的前瞻性。

1. 头饰绘制与赏析

头饰是指戴在头上的饰物。时装画中头饰的装饰性最强，头饰主要包括发饰和耳饰。常见的发饰包括发夹、发套和发带等，在这里也把帽子作为头饰的一种。

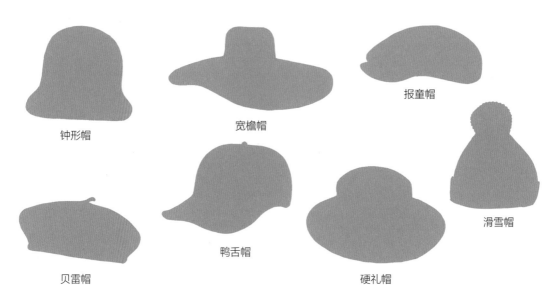

钟形帽　　宽檐帽　　报童帽

贝雷帽　　鸭舌帽　　硬礼帽　　滑雪帽

帽子绘制要点：帽子与头的关系主要体现在帽子的主体宽度与帽檐的位置。帽子的主体宽度一般与头宽一致；帽檐的宽度主要取决于帽子的款式，帽檐一般压在眉毛的位置上，压得越低平衡感越好。

长发佩戴的帽子

短发佩戴的帽子

不同款式的帽子

2 珠宝饰品绘制与赏析

珠宝饰品可以按材料、工艺、风格、装饰部位、用途等进行分类。

珍珠饰品绘制要点：时装画中的珠宝配饰画法主要是呈现配饰在人物身体上的位置和形状，再依次勾勒细节。珍珠是饰品中常见的元素，形状非常简单，要表现出它的主要特征，主要体现在对明暗关系的表达上。

宝石戒指绘制要点：宝石的细节非常复杂，呈现出较多规则的切面，如下页图所示。

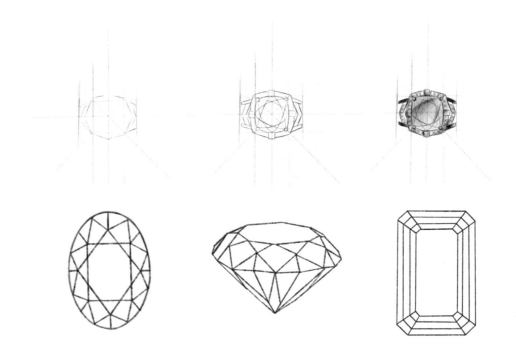

项链绘制要点：先画出项链的基本形，再在基本形上勾画细节。

不同的珠宝饰品

3. 鞋子绘制与赏析

女士的鞋按用途分为拖鞋、平底鞋、牛津鞋、靴子、短靴、乐福鞋、高跟鞋和凉鞋等。

拖鞋

平底鞋

牛津鞋

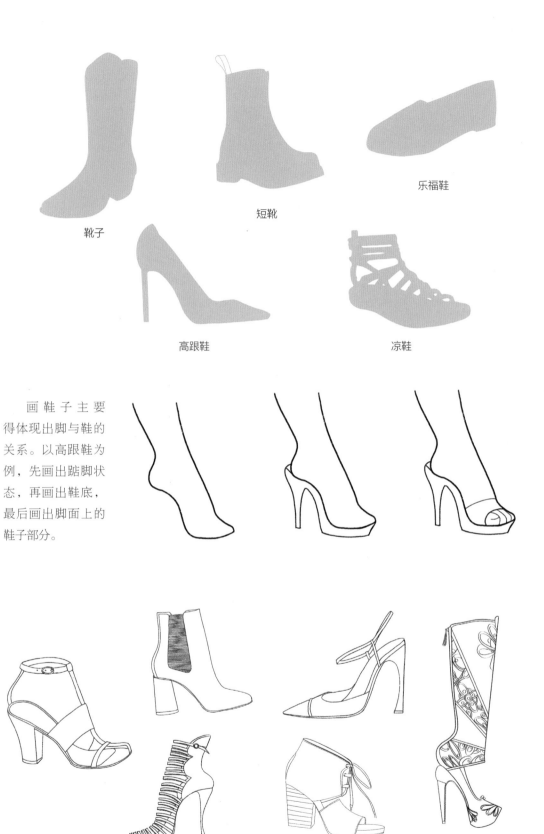

靴子

短靴

乐福鞋

高跟鞋

凉鞋

画鞋子主要得体现出脚与鞋的关系。以高跟鞋为例，先画出踮脚状态，再画出鞋底，最后画出脚面上的鞋子部分。

不同款式的鞋子

不同款式的鞋子（续）

4. 包的绘制与赏析

女士的包按照功能分为单肩包、手提包、斜挎包、双肩包和手拿包等，按照形状分为水桶包、邮差包、曼谷包、手拿包、铂金包、笑脸包、翅膀包、菜篮子包和菱纹包等，如下页图所示。

笑脸包

铂金包

菱纹包

水桶包

翅膀包

曼谷包

手拿包

菜篮子包

邮差包

不同款式的包

格纹毛呢面料
时装画表现技法

DAY
23

Mon | Tue | Wed | Thu | Fri | Sat | Sun

　　时尚界永不退潮的格纹,不仅是一种经久不衰的流行标志,还是创作灵感的导火索,不同色调搭配不同图案,总能带来惊喜,经典的威尔士格纹、塔特萨尔花格、细条纹等进行着现代化的演绎。格纹的魔力在于它本身散发出其他面料无法比拟的气息,不受年龄限制,不受场合约束,甚至四季百搭,无论春夏秋冬都能尽显其独特的魅力。

1. 格纹毛呢面料质感解析

　　在刻画格纹毛呢面料时,需要把握以下两个特性。

　　线条感强:面料平铺时的格纹一般用直线绘制,着装后会产生褶皱,格纹线条在视觉上由直线变成曲线,应遵循褶皱的纹路变化去表现。

　　厚重感:格纹毛呢面料厚实,相比薄纱的绘制技法要简单。表达厚实感需要从线条和着色入手,线条要硬朗干练,涂色应厚实饱满。

01 用自动铅笔绘制线稿，确定格纹的形状和位置。

02 铺底色。绘制格纹底色时一定要轻薄、均匀。

03 绘制横向条纹的颜色。注意，因折叠或褶皱的
影响，条纹在视觉上会变成曲线，同时每个面
的受光程度不同，明暗关系也各不相同。

04 采用同样的方法绘制竖向条纹的颜色。

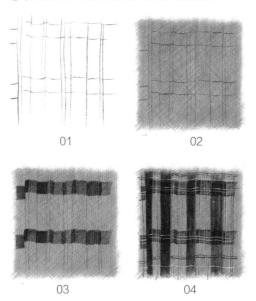

01   02

03   04

2. 格纹毛呢面料时装画综合表现

　　本案例选择的是小香格纹毛呢套装，内外套
装均是毛呢质感，格纹线条。外套是大面积菱形格
纹，模特插口袋的动作使衣袖处产生了褶皱，菱形
格纹在视觉上发生了扭曲。帽子和内搭的连体裤是
同质感的毛呢，颜色相对于外套较浅。模特的走动
状态同样会使格纹的线条发生变形，要掌握褶皱的
路径，将格纹表达得更真实。

　　绘制难点：在褶皱状态下表现格纹线条的扭曲
变形状态。

　　材料和工具：飞乐鸟彩铅绘画专用纸、霹雳
马油性彩铅、三菱880油性彩铅笔、Copic黑色针
管笔。

　　使用颜色：三菱880油性彩铅21#棕色、24#
黑色，霹雳马油性彩铅PC1083、PC941、PC903、
PC927、PC942，辉柏嘉绿盒彩铅177、180。

01 用 0.5mm 自动铅笔绘制出人体动态。本案例的模特肩膀较平稳，左腿向前迈出，左臀上提，右臀下沉。

02 在人体动态的基础上绘制出服装的基本款式。

01

02

03 完善五官和服装细节。本案例上色时主要使用三菱 24# 黑色彩铅，所以用自动铅笔画的线稿不会影响后续上色。将格纹细节补充完整，需要注意对格纹线条的描绘。由于人体的运动状态会产生衣褶，让格纹原本的直线变成了曲线，所以产生了视觉上的变形效果。

03

04

04 用彩铅（PC1083+PC941 或三菱 21# 棕色）绘制皮肤。由于模特戴着帽子，遮挡了部分光线，所以脸部较暗，皮肤颜色较深。身体因衣服较厚，上面的阴影部分较为明显，所以本案例模特皮肤颜色要比其他案例画得深。

05 刻画五官。用黑色针管笔勾勒出上眼睑、下眼睑、瞳孔和鼻孔。

05

06 用三菱 21# 棕色彩铅绘制眉毛，并加深上眼影和下眼影的颜色，然后用浅蓝色彩铅（PC903）填补瞳孔。注意，由于帽子遮挡了光线，眼部以上的阴影较为明显，可用三菱 21# 棕色彩铅加深色调，表现出渐变效果。

06

07 用肉粉色彩铅（PC927）给嘴唇上色，注意唇部的留白，然后用同色笔扫出腮红和眼影。

07

08 绘制头发。结合使用棕色彩铅（PC942）和辉柏嘉绿盒彩铅 180 画出头发的底色。本案例的模特是短直发，可快速用笔扫出短发的质感。

08

09 用辉柏嘉绿盒彩铅 177 和三菱 24# 黑色彩铅加深头发的暗部，靠近帽子与鬓角处和两颊处的颜色较深。

09

10 绘制毛呢格纹帽子。用三菱 24# 黑色彩铅以点状排线的方法沿着已经画好的线稿继续加深。

10

11 用交叉排线的方法表
现出毛呢帽子的质感。

11

12 绘制毛呢大衣上的格纹。用三菱 24# 黑色彩
铅在线稿的基础上填充颜色，可以涂实一些。

12

13 表现毛呢质感。用交叉排线的方式在格纹的
空白处刻画毛呢面料的质感。

13

14 绘制毛呢连体裤的格纹。连体裤的画法和帽
子画法一样，先用三菱 24# 黑色彩铅以点状
排线的形式在线稿的基础上加深颜色。

14

15 用交叉排线的方式继续加强毛呢面料的质感。

15

16 完成鞋子和项链等装饰物的刻画。

16

条纹面料
时装画表现技法

第24天

Mon | Tue | Wed | Thu | Fri | Sat | Sun

条纹是一种经典图案，细致的密集感、等宽比例、线条相互交叉等条形组合形式被大量地运用到棉质的衬衫面料中，与素色面料的结合或是整身出现，都能体现出活力与热情。无论是以印花的手法还是色织等条纹面料，多元化的变幻结合干练帅气的廓形，能凸显出女性的个性帅气，使人物的人格内涵别具一格。

1. 条纹面料质感解析

在刻画条纹面料的质感时，需要把握条纹面料的线条感。条纹的线条感比较强，一般都是以硬朗的直线为主，人体着装后会产生褶皱，硬朗的直线在视觉上会发生扭曲，变成曲线。

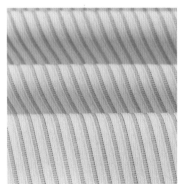  

01 用自动铅笔绘制线稿。

02 用彩铅上色，注意条纹的粗细变化。

03 用另一种彩铅上色。

04 用黑色彩铅画出因褶皱而产生的阴影。

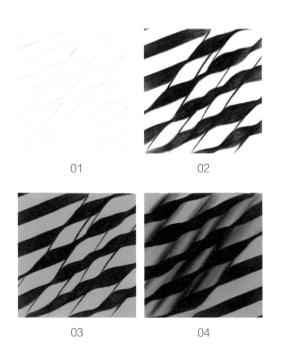

01   02

03   04

2. 条纹面料时装画综合表现

　　本案例是一款经典的双色条纹露肩长款礼服。人物为3/4侧脸，静止站立。面料主要通过直线表现，静止直立状态时褶皱比较少，因此绘制起来相对简单一些。

　　绘制难点：条纹线条的表达。

　　材料和工具：飞乐鸟彩铅绘画专用纸、霹雳马油性彩铅、三菱880油性彩铅、Copic黑色针管笔。

　　使用颜色：三菱880油性彩铅21#棕色、24#黑色，霹雳马油性彩铅PC1021、PC941、PC904、PC929、PC948、PC905、PC1069。

01 用 0.5mm 自动铅笔绘制出
人体动态。本案例模特的头
部为 3/4 侧脸，肩膀较平稳，
双腿直立。

01

02 在人体动态的基础上绘制
服装款式，然后完善五官的
线稿。

02

03

03 用肤色彩铅（PC1021+PC941
或三菱 21# 棕色）平涂出皮肤底
色，注意皮肤的明暗关系，阴影
部分可用三菱 21# 棕色彩铅加深。

04 用黑色针管笔勾勒上眼睑、下眼睑和鼻孔。

05 用三菱 21# 棕色彩铅绘制眉毛，并加深上眼影和下眼影的颜色，然后用蓝绿色彩铅（PC904）填补瞳孔。因为右侧的脸属于暗部，色调要深一些，所以要用同色彩铅多叠加几次颜色。

04

05

06 用红色彩铅（PC929）给嘴唇上色，注意唇部的留白。

07 用三菱 21# 棕色彩铅绘制唇部中缝处的颜色，并加深眼影，让眼睛显得更加有神。

06

07

08 绘制头发。用三菱21#棕色彩铅画出头发的底色。模特为束发，画时要注意分组，左侧头顶处为高光位置，注意留白。

08

09 用褐色彩铅（PC948）加深头发的暗部，束发交界处的颜色比较深。

09

10 用三菱21#棕色彩铅绘制耳饰。

10

11 用三菱24#黑色彩铅将礼服的竖条纹画出来，裙侧上是曲线，要表现出蓬松感。由于透视的影响，礼服边缘处的线条较为密集。

11

12 在黑白间隙处用蓝绿色彩铅（PC905）上色，
完成蓝色条纹的刻画。由于面料具有光泽感，
所以要加强蓝色条纹上的高光。

12

13 对裙子两侧蓬松处的阴影可用
灰色彩铅（PC1069）绘制。

13

14 用三菱 24# 黑色彩铅绘制鞋面，然
后用三菱 21# 棕色彩铅绘制露出来
的鞋底，完成绘制。

14

第 24 天·条纹面料时装画表现技法

薄纱面料
时装画表现技法

DAY
25

Mon | Tue | Wed | Thu | Fri | Sat | Sun

薄纱面料在服装设计中很常用，它可以增强服装的空间感和层次感，有助于提升服装整体的表现力和美感。薄纱与褶皱结合是设计师常用的设计手段之一，能呈现出微透的视觉效果，演绎若隐若现的美感。薄纱也常与刺绣、蕾丝、皮草等搭配。

1. 薄纱面料质感解析

薄纱面料最大的特点就是透肤、柔软，在绘制时应注意以下两点。

凸显轻薄质感：铺设好底色是绘制薄纱面料的第1步，线条一定要干练且均匀，还要注意底色的明暗关系。

强化褶皱叠加：由于薄纱的轻透感，任意褶痕在视觉上都是色彩的叠加，从而体现薄纱的层次感。需要用铅笔轻描褶痕，再用彩铅轻轻地上色，并沿着褶痕起伏画出褶皱的明暗关系。

01 用适合的彩铅绘制线稿，用笔要轻，均匀平涂上色，注意明暗关系的表达。

02 起褶痕线。用同色号的彩铅勾勒褶皱线，绘制的线条要流畅、果断、大胆。

03 刻画薄纱叠加效果。有褶皱的地方必有薄纱的叠加，颜色会更深，可用同色号的彩铅在褶皱位置加重
色调。

04 强化叠加效果，增强明暗对比。

01　　　　　　　02　　　　　　　03　　　　　　　04

2. 薄纱面料时装画综合表现

　　本案例为薄纱面料的晚礼服，大裙摆随着模
特的走动形成波浪式的大褶皱，非常生动。由于
裙摆的幅度很大，褶皱的堆叠效果十分明显，从
而会产生较强的明暗对比效果。上半身由于装饰
需要有少许刺绣的表现，在刺绣面料时装画绘制
案例中会详细讲解。

　　绘制难点：薄纱的层次感表现，以及褶皱的
绘制。

　　材料和工具：获多福手工纯棉细纹水彩纸、
霹雳马油性彩铅、三菱880油性彩铅、自动铅笔
（橘色笔芯、黑色笔芯）、Copic黑色针管笔、
Copic棕色针管笔、高光笔。

　　使用颜色：三菱880油性彩铅21#棕色、24#
黑色，霹雳马油性彩铅PC1083、PC903、PC929、
PC917、PC942、PC927、PC928、PC1060、
PC950。

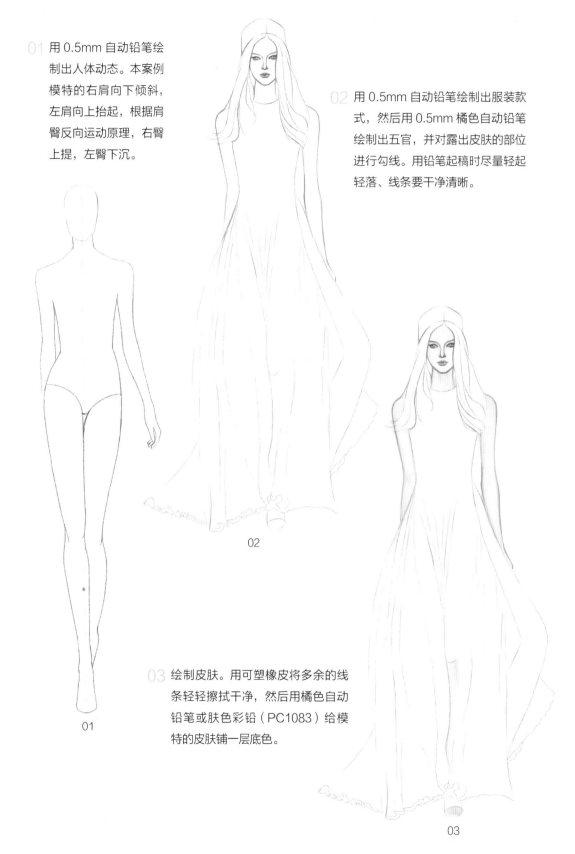

01 用 0.5mm 自动铅笔绘制出人体动态。本案例模特的右肩向下倾斜，左肩向上抬起，根据肩臀反向运动原理，右臀上提，左臀下沉。

02 用 0.5mm 自动铅笔绘制出服装款式，然后用 0.5mm 橘色自动铅笔绘制出五官，并对露出皮肤的部位进行勾线。用铅笔起稿时尽量轻起轻落、线条要干净清晰。

02

03 绘制皮肤。用可塑橡皮将多余的线条轻轻擦拭干净，然后用橘色自动铅笔或肤色彩铅（PC1083）给模特的皮肤铺一层底色。

01

03

04 用同色号的彩铅在皮肤暗部，尤其是边缘的投影处加重颜色。

04

05

05 刻画五官。先用黑色针管笔勾勒上眼睑、下眼睑和瞳孔，然后用棕色针管笔勾勒双眼皮、眉毛和鼻孔位置，接着用浅蓝色彩铅（PC903）绘制瞳孔，最后用红色彩铅（PC929）刻画嘴唇，画时注意嘴唇中间的留白。

06

06 用黄色彩铅（PC917）分组绘制出头发的底色，注意分组的重要性。

07 用三菱 21# 棕色彩铅刻画出头发的主色调，
   同样需要分组刻画且要注意留白；绘制发尾
   的发丝时一定要干脆、利落。

07

08 用三菱 21# 黑色彩铅加强头发的明暗关系，
   让头发更有层次感。

08

09 用高光笔和棕色彩铅（PC942）绘制头发上
   的镂空发饰和耳饰。

09

10 绘制薄纱底色。轻轻擦掉原有的
   铅笔线稿，用粉色彩铅（PC927）
   轻轻地均匀铺色。

10

11 勾勒出褶皱线条，以表现褶皱堆叠的效果。
用浅粉色彩铅（PC928）画出褶皱的线条，
注意表现出明暗关系。

11

12 加强褶皱的明暗关系。用浅灰色彩铅
（PC1060）在一些堆叠处加深颜色，凸
显层次感。然后用金色彩铅（PC950）简
单地绘制出上半身的刺绣装饰。

12

刺绣面料
时装画表现技法

Mon | Tue | Wed | Thu | Fri | Sat | Sun

刺绣是服饰细节工艺中的一种，它不是一种单一的面料，而是附着在面料上的一种装饰。刺绣面料发展最强劲的动力就是对于服装的装饰作用。针与线在穿梭中形成的点、线、面及包芯的变化，交织成富有变化且具有立体感的图案，布面肌理丰富、图案层次分明，能够很好地表现出设计效果。

1. 刺绣面料质感解析

由于所附着的材料不同，刺绣肌理的绘制方法也不同。在刻画刺绣时，需要把握刺绣的两个特性。

纹路清晰：刺绣针脚细密，根根有力，平整光滑，表现大面积刺绣装饰时需要把刺绣的纹路（绣线）表现出来，可用削尖的彩铅进行细致刻画。

色泽感强：刺绣作为服装装饰，色彩明快、清新高雅、光泽度高。在上色时要注意虚实结合，用特定的排线手法表现图案的深色调、固有色和亮部，体现出纹理感和反光效果。

注意，一般的刺绣图案都是有一定主题风格的，表现刺绣立体感的同时也不要破坏图形的完整性。

01 用自动铅笔绘制出刺绣图案的线稿。

02 用橡皮擦轻轻擦拭线稿，不要留下深且硬的线条，然后用适合的彩铅绘制底色。

03 根据刺绣的颜色，用削尖的彩铅勾出刺绣的线条。一般的刺绣都会有一些光泽感，注意留白。有的刺绣甚至会有一些亮晶晶的效果，用高光笔点缀出来即可。

01   02   03

2. 刺绣面料时装画综合表现

本案例为薄纱刺绣长款礼服，既要表现薄纱的透肤特性，又要表现刺绣的质感。刺绣带有金丝线，有比较强的光泽度，在用彩铅上色的基础上融合了水彩的画法，能更好地表现刺绣的视觉效果。

绘制难点：融合了薄纱的表现技法，结合使用了水彩工具，以及对刺绣光泽感的表现。

材料和工具：获多福手工纯棉细纹水彩纸、霹雳马油性彩铅、三菱880油性彩铅、Copic黑色针管笔、Copic棕色针管笔、自动铅笔、水彩颜料、勾线笔、留白液。

使用颜色：三菱880油性彩铅21#棕色、24#黑色，霹雳马油性彩铅PC1083、PC906、PC926、PC1084、PC947、PC904、PC1023、PC1063、PC992。

01 用 0.5mm 自动铅笔绘制出模特的动态。
本案例的模特左肩下沉，左臀上提，左腿
往前迈。

02 用 0.5mm 自动铅笔绘制出服装
款式、头发和五官。

01

02

03 用可塑橡皮擦轻轻地擦拭线稿，将多余的线条擦干净。用橘色自动铅笔或肤色彩铅（PC1083）给模特皮肤铺一层底色，并用同样色号的笔在皮肤暗部和阴影位置叠色加深。为了凸显明暗关系，可以用三菱21#棕色彩铅在暗部和轮廓边缘处再次加深。

04 用黑色针管笔勾勒上眼睑、下眼睑和瞳孔，然后用棕色针管笔轻轻地勾勒双眼皮、眉毛和鼻孔。

04

03

05 用浅蓝色彩铅（PC906）绘制瞳孔，然后用红色彩铅（PC926）刻画嘴唇，注意嘴唇中间的留白。

05

06 用黄色彩铅（PC1084）以分组的形式绘制
头发的底色，注意头顶处的留白。

07 用三菱21#棕色彩铅加深头发的颜色，同样
也是分组刻画，注意留白。

06

07

08 刻画头饰。用深褐色彩铅（PC947）绘制头
饰，头饰上的珍珠位置注意留白，要表现出
明暗关系。

09 刻画耳饰。用留白液将耳饰的形状勾勒出来，
留白液干后再用蓝绿色彩铅（PC904）铺色。

08

09

10 用浅蓝色彩铅（PC1023）平涂出
薄纱的底色，注意反光部分要采用
留白的方式处理。

10

11 用灰色彩铅（PC1063）刻画薄纱的
暗部，要表现出多层薄纱叠加的效果。

11

12 绘制刺绣。在铺好的底色上用蓝绿色彩铅
（PC992）刻画刺绣。如果觉得色彩不够艳丽，
可以使用水彩颜料辅助表现，用勾线笔蘸取蓝绿
色水彩颜料进行刻画。彩铅和水彩是经常搭配使
用的，能较好地表现出面料的质感和效果。

12

13 绘制刺绣上的金色部分。刺绣上有
一些金线，用彩铅画是很难表现出
来的，因此可用水彩笔蘸取金色水
彩颜料进行勾勒。

13

14 用蓝绿色彩铅（PC992）绘制出饰品
和包，完成。

14

羽毛面料
时装画表现技法

DAY
27

Mon | Tue | Wed | Thu | Fri | Sat | Sun

羽毛材质具有轻盈、柔软的特点，在服装设计中能起到独特的装饰效果，即使造型轮廓夸张，也不会显得笨重。无论是同色还是对比色搭配都能使服装产生特殊的视觉效果，具有较强的视觉冲击力和立体感。在服装设计中，设计师既可以采用全覆盖的设计手法，也可以采用局部点缀的手法。

1. 羽毛面料质感解析

在刻画羽毛面料时，需要把握羽毛的两个特性。

蓬松质感：羽毛质地轻盈，注意对每一根羽毛状态的表现。

层次感强：渐变羽毛堆叠深受当下很多设计师的喜爱，对颜色层次感的表现主要通过用不同色系的彩铅按顺序依次叠加出来。

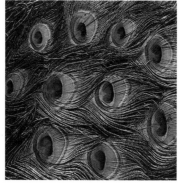

01 用铅笔平涂绘制底色，注意明暗关系。

02 刻画细节。削尖铅笔，在底色上画出羽毛的形状，在面料边缘绘制最能体现轻盈感和蓬松质感的羽毛。

03 采用同样的技法画满相应区域。

04 用勾线笔蘸取少许高光墨水和少许的水，在一些羽毛上画出反光效果，以增加生动感。

01   02   03   04

2. 羽毛面料时装画综合表现

本案例选择的是一款薄纱、刺绣与羽毛拼接的长款礼服，需要综合应用不同面料的表现技法。上身选用了轻透的薄纱，下身是刺绣面料与羽毛面料拼接，整体以粉色为主，宽大的袖子、厚重的裙摆与收紧的腰部形成对比，使整个服装造型凹凸对比明显。

绘制难点：结合应用薄纱面料和刺绣面料的表现技法，注意对羽毛的层次感和色泽感的表现。

材料和工具：飞乐鸟彩铅绘画专用纸、霹雳马油性彩铅、三菱880油性彩铅、Copic黑色针管笔、自动铅笔、高光笔。

使用颜色：三菱880油性彩铅21#棕色、21#黑色，PC1083、PC929、PC948、PC927、PC928、PC1056、PC909、PC937。

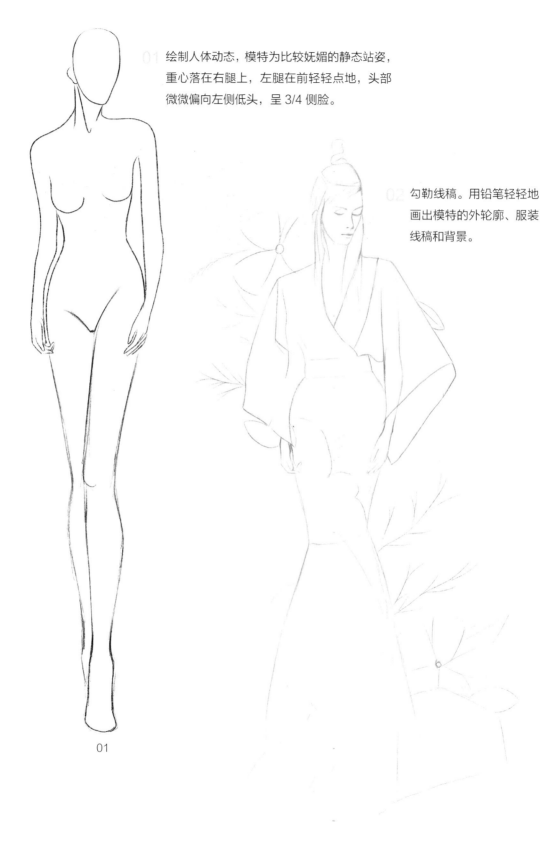

绘制人体动态，模特为比较妩媚的静态站姿，重心落在右腿上，左腿在前轻轻点地，头部微微偏向左侧低头，呈 3/4 侧脸。

勾勒线稿。用铅笔轻轻地画出模特的外轮廓、服装线稿和背景。

01

02

绘制皮肤。用可塑橡皮轻轻擦拭线稿，将多余的线条擦干净。用肤色彩铅（PC1083）绘制模特皮肤的底色，模特的上半身服装面料是较为通透的薄纱，皮肤颜色会因此而深一点。然后用同样的笔在皮肤暗部，尤其是边缘的投影位置叠色，接着用三菱21#棕色彩铅在暗部或轮廓边缘处再次加深。

模特为 3/4 侧脸，轻闭双眸。因此眼睛的刻画比较简单，用三菱 24# 黑色彩铅画出眼线和睫毛，再用三菱 21# 棕色彩铅绘制出眉毛。

04

03

用红色彩铅（PC929）画出眼影和嘴唇，注意唇部的留白。

05

06

06 绘制头发。用三菱 21# 棕色彩铅绘制出一缕一缕的头发的底色，注意高光部分的留白。

07 用深棕色彩铅（PC948）加深头发暗部，注意表现出层次感。

07

08 绘制薄纱底色。用粉色彩铅（PC927）平涂出礼服的底色。上半身的薄纱具有一定的硬度，大袖子凸显的透明效果较强，注意色彩的虚实变化。

08

09

09 用稍微深一些的粉色彩铅（PC928）勾勒出礼服的褶皱，褶皱周围的颜色较深，可用红色彩铅（PC929）加深，注意上半身的褶皱较多。

10

10 绘制礼服中段的花纹。礼服中段刺有花纹，要用粉色彩铅（PC928）把花纹的细节刻画出来。

11 绘制礼服下摆的羽毛。礼服下摆为拼接羽毛，这也是本案例需要重点刻画的部分。在浅粉色底色的基础上分组刻画，与绘制头发的画法相似，每一组都用轻柔的线条表现出蓬松感，注意落笔要轻。因造型而导致下摆堆叠的地方羽毛较密集，颜色也较深。

11

12 绘制礼服的暗部和花纹。灰色
   彩铅（PC1056）主要用于刻
   画背光的暗部、花纹图案和羽
   毛密集处。

背光的暗部

花纹图案

羽毛密集处

12

13 刻画礼服上的刺绣。用高光笔在礼
   服中段上的灰色位置刻画刺绣图案。

13

14　完成背景的绘制，用 PC909
　　绘制叶子，用 PC937 绘制
　　果子，用 PC929 绘制花瓣。

14

第28天

蕾丝面料
时装画表现技法

DAY
28

Mon | Tue | Wed | Thu | Fri | Sat | Sun

蕾丝质地柔软，密度相对较高，耐磨性也较强，色泽感强，在视觉上给人以高贵、上档次的感觉。随着工艺技术的发展，如今的蕾丝面料琳琅满目，图案丰富多样。

1. 蕾丝面料质感解析

蕾丝面料具有精致、繁复、透气等特点，在用彩铅上色表现时要注意以下两点。

通透感强：蕾丝和薄纱或网状面料拼接结合较多，着装时有透肤效果。在刻画蕾丝前，要先铺好底色，并在底色上表现出明暗关系。

轮廓清晰：一般的蕾丝形状感都很强，有较清晰的边缘轮廓。绘制时，可以用自动铅笔先轻描，定好大致形状和位置，再用削尖的彩铅进行细致刻画，这样能确保画出来的蕾丝形状更精致。

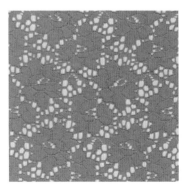

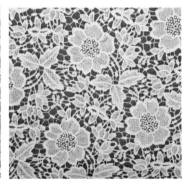

01 用橡皮擦轻轻擦拭线稿，不要留下深且硬的线条，
然后用浅色彩铅晕染或平涂出底色。

02 根据蕾丝的颜色，用削尖的彩铅勾出蕾丝的线条，
注意画出纹样的轮廓细节，并对纹样进行更深入的
描绘。

03 纹样呈现立体感后再画出底层的网纹，并添加细节。

01

02

03

提示

注意明暗交界线的刻
画与亮部的表现，要
考虑画面的和谐统一
和主次关系，更要注
重画面的完整性。

2 蕾丝面料时装画综合表现

本案例是一款蕾丝、薄纱和羽毛拼接的长款礼服，
需要综合应用不同面料的表现技法。在礼服中，薄纱的
轻透效果是体现蕾丝性感特点的关键，要先绘制薄纱表
现透肤效果。上半身无大幅度运动，仅需要平铺一层肤
色，下半身裙摆随着腿部运动，面料产生叠加和褶皱，
叠加的位置需要铺较深的底色，以表现层次感，最后再
细致地勾勒出蕾丝花纹。

绘制难点：综合应用了薄纱面料和羽毛面料的表现
技法，以及对蕾丝层次感的表现。

材料和工具：飞乐鸟彩铅绘画专用纸、霹雳马油性
彩铅、三菱880油性彩铅、Copic黑色针管笔、Copic棕
色针管笔、高光笔、勾线笔、高光墨水。

使用颜色：三菱880油性彩铅21#棕色、24#黑色，
霹雳马油性彩铅PC1083、PC904、PC926。

01 用 0.5mm 自动铅笔绘制出人体动态。本案例的模特右肩向下倾斜，左肩向上抬起，根据肩臀反向运动原理，右臀上提，左臀下沉。

01

03

02 用 0.5mm 自动铅笔完成服装款式和人体五官的线稿绘制。用铅笔起稿时尽量轻起轻落，使线稿干净清晰。

02

03 用可塑橡皮轻轻擦拭线稿，将多余的线条擦干净。用肤色彩铅（PC1083）给模特的皮肤铺一层底色。因为本案例中的礼服是透肤的，所以要在绘制面料前将肤色表现出来。

04 用同样的笔（PC1083）在皮肤暗部和边缘
的投影位置叠色。

04

05 为凸显明暗关系，可用三菱 21# 棕色彩铅在皮肤
暗部和轮廓边缘处再次加深。

05

06 用黑色针管笔勾勒上眼睑、下眼睑和瞳孔，然后用棕色针管笔勾勒出双眼皮、眉毛和鼻孔。

07 用蓝绿色彩铅（PC904）刻画瞳孔，然后用橘红色彩铅（PC926）刻画嘴唇，同时注意嘴唇中间的留白，再用同色彩铅轻扫出腮红。

06

07

08 用高光笔点出瞳孔的反光、眼影的反光和唇部的反光。

09 用三菱 21# 棕色彩铅薄薄地铺出头发的底色，注意头顶部分和发饰上的留白，留白是为了凸显头发的光泽感。

08

09

提示

在铺头发底色时，一定要削尖彩铅。分组绘制头发时，要用干脆利落的线条表达出每一组头发，用笔时发根重起、发丝轻落。

10 用同色笔继续加深暗部，然后用三菱 24# 黑色彩铅绘制头上的饰品，对一些头发暗部区域也需要用黑色彩铅再次加深。

10

11 用高光笔在黑色饰品上点画，以表现出水晶饰品的质感。

11

提示

在画闪烁的水晶饰品时，可运用对比色叠加的技法来表现，在很深的底色上用高光笔点画，所形成的强烈的色彩反差更能凸显饰品的"闪"。

12 绘制薄纱的底色。本案例礼服的上半身主要由大量的蕾丝拼接而成，中段是羽毛质地，下半身由薄纱与蕾丝拼接组合而成。在表现蕾丝之前，需要把薄纱面料的质感表现出来。由于模特是行走的动态，裙摆堆叠处产生褶皱，可用黑色彩铅以同色叠加的方法来表现。

12

第 28 天　蕾丝面料时装画表现技法

13 绘制礼服上的蕾丝。用三菱
24# 黑色彩铅勾勒出礼服上的
蕾丝，注意蕾丝的形状变化。

14 绘制礼服中段的羽毛面料。主要通过刻画
羽毛色泽的明暗关系来表现羽毛面料，可
参考羽毛面料案例的绘制技法。先用灰色
彩铅打底，再用削尖的黑色彩铅在底色上
一根一根地勾勒出羽毛的形状，尤其是画
边缘处的羽毛时用笔要干脆利落，要表现
出羽毛的轻盈质感。

13

14

15 绘制羽毛上的反光部分。由于羽毛具有光泽质感，会呈现少许的反光，
如果白色彩铅的颜色无法在黑色上显色，可用勾线笔蘸取少许高光墨
水与水调和后来表现，注意不能太白，否则会显得过于突兀，表现不
出羽毛的反光效果，而绘制成珠宝的闪光效果了。

15

16 绘制项链饰品。用三菱24#
黑色彩铅绘制出项链饰品的
底色。

16

17 用白色高光墨水在项链的底色上点
缀，以表现项链的质感。然后绘制
礼服上的饰品，注意对饰品形状和
质感的刻画。

17

丝绸面料
时装画表现技法

Mon | Tue | Wed | Thu | Fri | Sat | Sun

丝绸面料有着柔和的光泽、较好的强度与弹性、柔软而丰润的手感，质地轻盈有韧性，素有"面料女皇"之称。丝绸拥有慵懒的气息，使人尽显高贵气质，这也是设计师经常将丝绸面料作为晚礼服首选面料的主要原因。

1. 丝绸面料质感解析

在刻画丝绸面料时，需要把握以下两点。

用色均匀：丝绸的色彩感很强，在没有反光的情况下，绘制丝绸面料的用色是非常均匀的。

光泽感强：丝绸具有顺滑、悬垂、光泽感强的特点，画的时候要表现出高光和反光之间的关系，通过反光的处理及色彩之间的自然过渡，表现丝绸的光泽感与柔顺的质感。

01 用自动铅笔绘制线稿，将丝绸褶皱的形状和位置确定出来。

02 用橡皮轻轻擦拭线稿，不要留下深且硬的线条，然后用浅绿色彩铅绘制底色。

03 用比底色稍深的绿色彩铅画出丝绸上的褶皱，注意边界线较为明显。

04 用墨绿色彩铅加深褶皱暗部，凸显明暗关系。丝绸的褶皱线条比较柔和，明暗对比非常明显。通常在一块褶皱区域有很深的色调，也有很浅的色调。因此，画对了明暗关系，才能突出丝绸的质感。

05 再次加强明暗对比。用墨绿色彩铅加深边缘线，让明暗层次感更加分明。

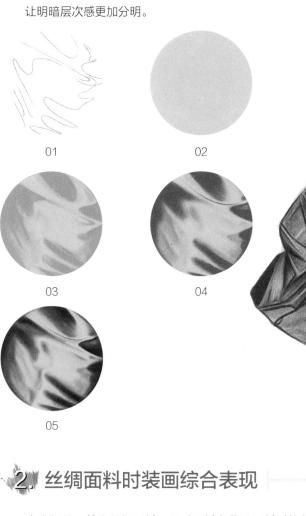

01　　　　　　　　02

03　　　　　　　　04

05

2. 丝绸面料时装画综合表现

　　本案例是一款由丝绸面料、羽毛面料和薄纱面料拼接的短款礼服，需要综合应用3种面料的表现技法。丝绸的强光泽感效果是绘制的关键，在表现时要先画出丝绸褶皱，再通过明暗对比凸显光泽质感。

　　绘制难点：多种面料的综合表现技法，丝绸的质感表现。

　　材料和工具：飞乐鸟彩铅绘画专用纸、霹雳马油性彩铅、三菱880油性彩铅、Copic黑色针管笔、Copic棕色针管笔、自动铅笔、高光笔。

　　使用颜色：三菱880油性彩铅21#棕色、24#黑色，霹雳马油性彩铅PC1083、PC904、PC921、PC1063。

01 用 0.5mm 自动铅笔绘制人体动态。本案例的模特右肩向下倾斜，左肩向上抬起，根据肩臀反向运动原理，右臀上提，左臀下沉。

01

02 用 0.5mm 自动铅笔完成服装款式和模特五官线稿的绘制。

02

03

03 用可塑橡皮将多余的线条擦干净，然后用肤色彩铅（PC1083）给模特的皮肤铺一层底色。

04 用同样色号的笔在皮肤暗部和边缘的投影位置叠色。为凸显明暗关系，需用三菱 21# 棕色彩铅在暗部和轮廓边缘处再次加深。

05 用黑色针管笔勾勒上眼睑、下眼睑和瞳孔，然后用棕色针管笔轻轻地勾勒出双眼皮、眉毛和鼻孔。

05

06 用蓝绿色彩铅（PC904）刻画瞳孔。

06

07 用红色彩铅（PC921）刻画嘴唇，注意嘴唇
中间的留白。

07

08 用三菱24#黑色彩
铅轻轻地绘制出头
发的底色，注意头顶
部分的留白。

08

09 用三菱24#黑色彩
铅加深头发的色调。
然后绘制出耳饰。

09

提示

绘制头发时，用笔要轻起轻落，刻画发尾时
要轻盈细腻一些，下笔的力度不可太重。

10 丝绸面料最大的特点是会因为褶
皱而产生光泽感，所以要把丝绸的
褶皱大致地画出来。

10

11 刻画丝绸质感。丝绸面料有明显的明暗关系，每个褶皱都有狭长的光泽带，作为褶皱凸起，用色比褶皱两侧的要浅。

11

12 进一步加深面料的色调。

12

13 绘制羽毛，用灰色彩铅（PC1063）铺出底色，
然后用削尖的三菱24#黑色彩铅在底色上一
根一根地勾勒出羽毛的形状。

13

14 用高光笔在黑色裤子上点缀出高光
亮片。

14

15 绘制出鞋子，完成。

15

第30天 印花面料时装画表现技法

Mon | Tue | Wed | Thu | Fri | Sat | Sun

印花面料是用坯布印花纸高温印染加工而成的。印花布的图案繁多，具有很强的美感，而且性价比很高，使用范围也很广。印花面料按照工艺的不同可以分为转移印花布和渗透印花布。

印花面料质感解析

在刻画印花面料时，需要把握印花面料的以下两个特性。

图案多样化：印花面料的图案种类非常丰富，需要清晰地绘制出图案的形状和纹理，无论是抽象的图案，还是具象的图案，画准形才是关键。

色彩丰富：印花面料的普遍特点是色彩比较丰富，需要用的彩铅种类较多，要熟悉彩铅的配色原理，选择合适的彩铅上色。

01 用自动铅笔绘制线稿，确定图案的形状和位置。

02 根据印花面料的图案颜色，选择对应的彩铅依次上色。

03 采用同样的方法完成所有图案的绘制。

01   02   03

2. 印花面料时装画综合表现

　　本案例是一条渐变印花礼服裙，图案由花瓣组成，花瓣颜色呈渐变色。

　　绘制难点：画准图案的形，掌握渐变涂色技法。

　　材料和工具：飞乐鸟彩铅绘画专用纸、霹雳马油性彩铅、三菱880油性彩铅、Copic棕色针管笔、自动铅笔。

　　使用颜色：三菱880油性彩铅21#棕色、24#黑色，霹雳马油性彩铅PC1083、PC904、PC924、PC942（或辉柏嘉绿盒彩铅180）、PC950（或辉柏嘉绿盒彩铅176）、PC948（或辉柏嘉绿盒彩铅177）、PC1023、PC903、PC939、PC1056。

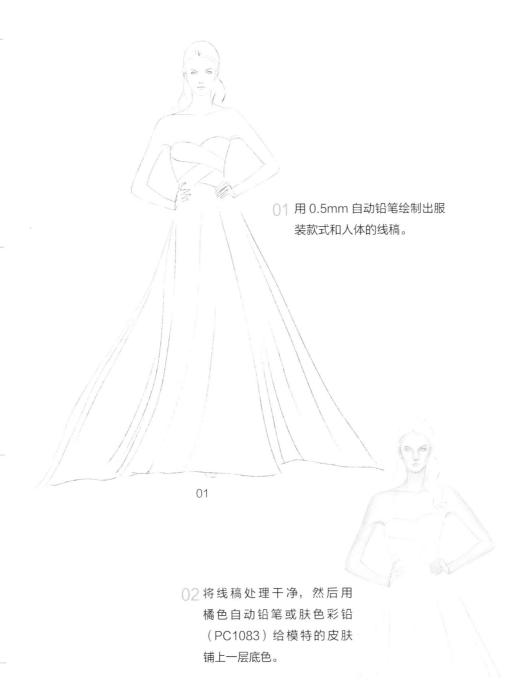

01 用 0.5mm 自动铅笔绘制出服
装款式和人体的线稿。

01

02 将线稿处理干净，然后用
橘色自动铅笔或肤色彩铅
（PC1083）给模特的皮肤
铺上一层底色。

02

03 用棕色针管笔勾勒眼睛上下眼睑和瞳孔，然后用蓝绿色彩铅（PC904）绘制眼珠。

04 用三菱21#棕色彩铅绘制眉毛和眼影，并加深五官周围的暗部，然后用棕红色彩铅（PC924）给嘴唇上色。

03

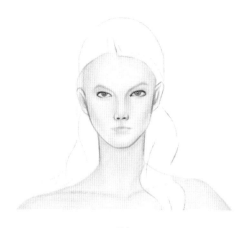

04

05 用棕色彩铅（PC942）或辉柏嘉绿盒彩铅180以分组的形式绘制出头发，注意留白，要凸显头发的光泽。

06 用熟褐色彩铅（PC950）或辉柏嘉绿盒彩铅176加深头发的暗部，注意强调头发的层次感。

05

06

07 用褐色彩铅（PC948）或辉柏嘉绿盒彩铅 177 继续加深头发的局部，进一步强化头发的明暗关系。

07

08 根据线稿用浅蓝色彩铅（PC1023）轻轻地平涂出礼服的底色。

08

09 用浅蓝色彩铅（PC903）画出花瓣的形状并填充颜色，注意花瓣是渐变色的。绘制渐变色的方法是先铺一层浅色，再一层一层地加深。

09

10 用橙红色彩铅（PC939）画出相应的图案，再用绘制渐变色的方法来给图案填充颜色。

10

11 用灰色彩铅（PC1056）在图案边缘加重暗部色调，完成印花面料的刻画。

11

第31天

皮草面料
时装画表现技法

DAY
31

Mon | Tue | Wed | Thu | Fri | Sat | Sun

皮草面料非常富有表现力，一直深受时尚设计师的喜爱。皮草和其他材质混搭，色彩的碰撞与组合，长短毛的节奏变化，以及几何图案、各种格纹和动物花纹的加入，都为皮草增添了新意。传统皮草工艺与创新技巧的结合，以及其他时装元素的融入，都让皮草品质感增强的同时，更具有丰富的表现力和时尚感。用皮草元素作为点缀的服装设计作品，更是创意十足，有出人意料的时尚风采，实穿性强且能彰显个性。

1. 皮草面料质感解析

在刻画皮草面料时，需要把握皮草的以下两个特点。

有光泽感：优质的皮草具有独特的光泽，毛质富有弹性且充满动感，绘制时可通过留白或用高光笔表现。

柔软蓬松：皮草的触感柔软如丝，表达柔软质感的关键在于线条要柔和，用笔应轻起轻落，线条中部呈柔和的曲线，尾部呈细腻的针尖状。

01 皮草的根部厚重，颜色较深。表现尾部时落笔要轻快。由于皮草毛发轻盈，不会都朝一个方向，而是在某些位置堆积，因此根部的颜色应该刻画得深一点。

02 在上一步的基础上增加毛发量，以凸显皮草的厚重感。

01   02

2. 皮草面料时装画综合表现

本案例是一款薄纱面料和皮草面料结合的礼服裙，皮草是最出彩的地方，也是最引人注意的地方。

绘制难点：皮草的厚重感与蓬松感的表现。

材料和工具：飞乐鸟彩铅绘画专用纸、霹雳马油性彩铅、三菱880油性彩铅、Copic黑色针管笔、自动铅笔。

使用颜色：三菱880油性彩铅21#棕色、24#黑色，霹雳马油性彩铅PC1083、PC928、PC929、PC903。

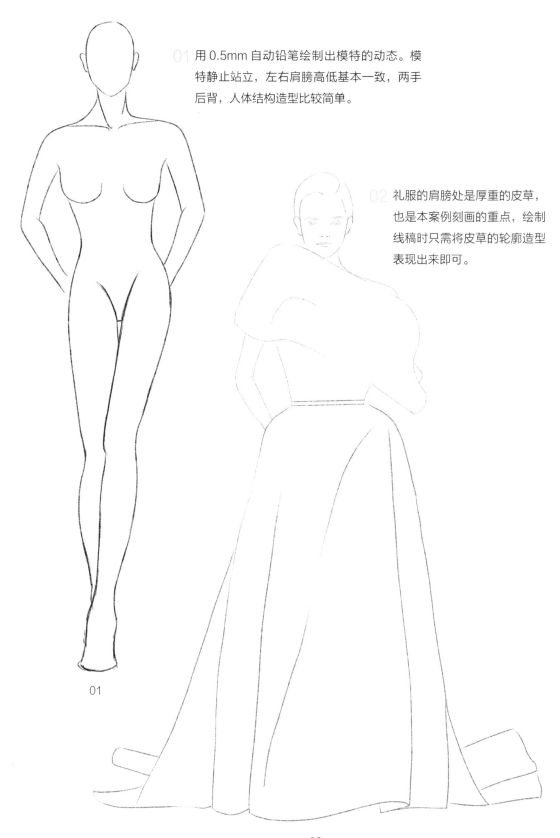

01 用 0.5mm 自动铅笔绘制出模特的动态。模特静止站立，左右肩膀高低基本一致，两手后背，人体结构造型比较简单。

02 礼服的肩膀处是厚重的皮草，也是本案例刻画的重点，绘制线稿时只需将皮草的轮廓造型表现出来即可。

01

02

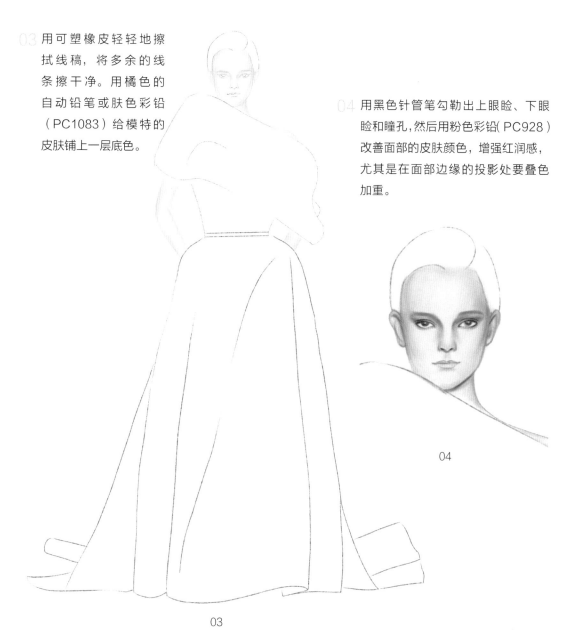

03 用可塑橡皮轻轻地擦
拭线稿，将多余的线
条擦干净。用橘色的
自动铅笔或肤色彩铅
（PC1083）给模特的
皮肤铺上一层底色。

04 用黑色针管笔勾勒出上眼睑、下眼
睑和瞳孔，然后用粉色彩铅（PC928）
改善面部的皮肤颜色，增强红润感，
尤其是在面部边缘的投影处要叠色
加重。

04

03

05 用红色彩铅（PC929）刻画嘴唇，注意
嘴唇中间的留白。

05

06　模特的头发为黑色且有光泽，用笔
　　尖较细的三菱 24# 黑色彩铅分组刻
　　画，在头顶的高光处注意留白。

08　本案例所画礼服的上半身是皮草披肩，根据线稿
　　的轮廓形状，用浅蓝色彩铅（PC903）均匀地平
　　涂出一层底色。

06

07　在第 1 层发色的基础上用同色笔进行加
　　深，以强化明暗关系。

07

08

09 在底色的基础上绘制皮草的毛状感。皮草蓬
松轻盈，呈簇状，根部颜色较深，因此在刻
画皮草时要找到皮草的根部，从根部起笔，
根部笔触较重，落笔较轻。

09

10 用同样的画法增加毛量，以增强
皮草的厚重感和蓬松感。

10

11 绘制礼服的下半部分。礼服的
底色为肉色，所以用肤色彩铅
（PC1083）刻画即可。

11

12 用前面所讲的绘制薄纱面料
的技法完成礼服下半部分的
刻画。

12

13 仔细刻画礼服上的小钉珠，
完成礼服的绘制。

13

亮片面料
时装画表现技法

Mon | Tue | Wed | Thu | Fri | Sat | Sun

亮片面料是用珠片经过刺绣等工艺制作而成的闪光片布料，一般用于服装、鞋帽和箱包上。闪烁华丽是亮片面料的一大特色，具有隆重和夸张的效果，高贵的礼服常用这种面料。

1 亮片面料质感解析

画亮片有两种方法：一种是先铺深色，然后用高光笔画出亮片的闪光部分，底色铺得越深，浅色凸显得愈加明显；另一种是用深色表现亮片的暗部，再用高光笔表现亮片的闪光部分。

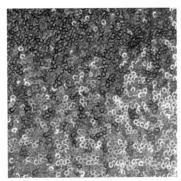

01 用浅紫色彩铅均匀地平涂上色区域。

02 用深紫色画出亮片的形状，表现出亮片暗部。

03 用毛笔蘸取留白液在亮片之间点缀出闪光部分。

 01   02

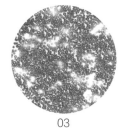

03

2. 亮片面料时装画综合表现

本案例的服装质感表现较为复杂，融合了丝绸蝴蝶结、羽毛衣袖、薄纱裙摆和带状亮片（本案例的重点）。先运用丝绸面料的表现技法画出蝴蝶结，用羽毛的表现技法绘制衣领和衣袖装饰，再用薄纱面料的表现技法绘制礼服裙摆，最后用亮片面料的表现技法绘制裙身的亮片。

绘制难点：熟练掌握各种面料的绘制技法，并依次画出不同面料的效果。

材料和工具：获多福手工纯棉细纹水彩纸、霹雳马油性彩铅、三菱880油性彩铅、Copic黑色针管笔、Copic棕色针管笔、高光笔、自动铅笔。

使用颜色：三菱880油性彩铅21#棕色、24#黑色，霹雳马油性彩铅PC1083、PC921、PC917、PC948、PC1008、PC1063。

01 用 0.5mm 自动铅笔绘制出线稿，用橘色自
动铅笔勾画五官。本案例模特的右肩微微向
下倾斜，左臀上提。

01

02 用可塑橡皮轻轻擦拭线稿，将多余的线条擦
干净。用橘色自动铅笔或肤色彩铅（PC1083）
给模特的皮肤铺上一层底色。

02

03 用黑色针管笔勾勒出上眼睑、下眼睑和瞳孔，然后用棕色针管笔轻轻地勾勒双眼皮和鼻孔的位置，接着用三菱 21# 棕色彩铅勾勒眉毛，并用同一支笔加深面部的阴影部分。

03

04 为了强化明暗关系，用三菱 21# 棕色彩铅在暗部或轮廓边缘处再次加深。然后用橘红色彩铅（PC921）刻画嘴唇，注意嘴唇中间的留白。

04

05 用黄色彩铅（PC917）轻轻地绘制出头发的底色，然后用褐色彩铅（PC948）在底色的基础上加深发色。

05

06 用褐色彩铅（PC948）继续在底色的基础上加深发色，注意留出一些底色，以表现头发的光泽感。

06

07

07 用三菱24#黑色彩铅绘制出耳环的形状，然后用高光笔刻画耳环的水晶质感。

08 绘制丝绸面料的蝴蝶结。用紫色彩铅（PC1008）轻轻地绘制出均匀的底色。

09 按照刻画丝绸面料的画法，用同色笔在褶皱处加深，注意表现出渐变效果。

08

虽然丝绸面料的明暗关系非常明显，但是高光部分和深色部分之间要有渐变过渡，这是表现丝绸质感的关键。

09

10 绘制羽毛。衣领和衣袖部分为羽毛拼接的装饰，根据羽毛面料的绘制技法，先铺底色，再一根一根地画出羽毛，注意表现出羽毛的蓬松感。

10

11 绘制礼服的薄纱面料。用紫色彩铅（PC1008）铺出礼服的底色，裙摆部分特别轻薄，颜色较浅，刻画时要把褶皱勾勒得明显一些。

11

12 在薄纱底色的基础上用同色笔加深
暗部，以增强层次感。

12

13 绘制礼服的阴影部分。用灰色彩铅
（PC1063）在礼服的暗部加深，进一
步增强层次感。

13

14　用高光笔在底色上点出闪光的亮片装饰，
　　用打点的方法串联起来即可。

14

15　绘制鞋子，用灰色彩铅（PC1063）画出
　　底色，然后用高光墨水笔点出水晶的闪亮
　　效果。

15

TPU 面料
时装画表现技法

Mon | Tue | Wed | Thu | Fri | Sat | Sun

TPU 面料是一种经过特殊工艺处理的面料，在日常生活中随处可见，常用在雨衣、玩具、凉鞋和手提包上。如今越来越多的时装品牌将 TPU 面料作为重要的制作材料，用 TPU 面料制成的服饰如琉璃般晶莹剔透，前卫又不失个性，充满了朦胧感和神秘感。

1. TPU 面料质感解析

在刻画TPU面料时，需要把握以下两个特性。

透明质感：TPU面料是本书介绍的面中通透性最强的，初学者一般对于透明程度高的材质无从下笔，但换一个角度观察，透明效果是由背景映衬出来的，因此刻画透明材质前就应该先把底色描绘出来。

感光性强：TPU面料的感光性和反光性都特别强，在底色的基础上重点刻画高光部分能很好地表现出材质的特性。

01 用自动铅笔绘制线稿，确定 TPU 面料的褶皱和形状。

02 用橡皮轻轻擦拭线稿，不要留下深且硬的线条。本案例中 TPU 材质的颜色十分丰富且绚丽，分别用紫色、蓝绿色和黄色彩铅平涂相应区域，再采用留白的方法表现 TPU 材质的强反光效果。

03 强反光材质的明暗对比强烈，用黑色彩铅在褶皱边缘背光处加深（褶皱的凸起处是最亮的部分，褶皱的侧面是背光部分）。

04 补充色彩，衔接过渡。有的是用不同色进行叠加，有的是用相邻色进行补充，使颜色衔接得自然和谐即可。

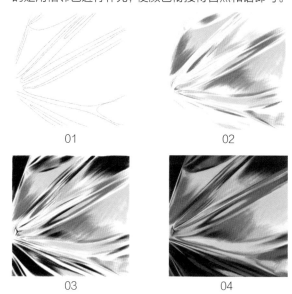

01　　　　　　　　　02

03　　　　　　　　　04

2. TPU 面料时装画综合表现

本案例为光学纤维面料与TPU面料结合的连衣裙，反光强是两种面料的主要特性，留白技法在本案例中体现得淋漓尽致。上色时就要把留白处空出来，在此基础上进行多次上色，主要对暗部进行均匀叠色。表现透明材质时，需要在底色的基础上用高光笔刻画出反光效果。

绘制难点：掌握留白技法和重复叠色技法。

材料和工具：飞乐鸟彩铅绘画专用纸、霹雳马油性彩铅、三菱880油性彩铅、Copic黑色针管笔、Copic棕色针管笔、自动铅笔、高光墨水、勾线笔、毛笔。

使用颜色：三菱880油性彩铅21#棕色、24#黑色，霹雳马油性彩铅PC1083、PC903、PC994、PC1084、PC942、PC946、PC928、PC1063。

01 用 0.5mm 自动铅笔绘制出线稿。本案例的模特左肩向下倾斜，右肩向上抬起，左臀上提，右臀下沉。

01

02 用肤色彩铅（PC1083）给模特的皮肤铺上一层底色。本案例的礼服具有透肤效果，要在刻画面料前先把手臂和左脚的肤色表现出来。

02

03

03 用黑色针管笔勾勒出上眼睑、下眼睑和瞳孔，用棕色针管笔勾勒出双眼皮、眉毛和鼻孔。然后用浅蓝色彩铅（PC903）绘制瞳孔，接着用橘红色彩铅（PC994）刻画嘴唇，注意嘴唇中间的留白。

04 用三菱 21# 棕色彩铅在皮肤的暗部叠色，尤其是对边缘处的投影要加重。

05 用黄色彩铅（PC1084）铺出头发的底色，分组绘制非常重要，能很好地凸显头发的层次感。

05

04

06 用棕色彩铅（PC942）在第 1 层发色的
基础上进一步加深色调，尤其是边缘的轮
廓线。

06

07 用深棕色彩铅（PC946）继续加深暗部
色调。

07

08 礼服的上身和裙摆主要由光学纤维面料组成，
反光是这种面料的最大特点。因此，在上色时
要将所有留白处清晰地表现出来，然后用粉色
彩铅（PC928）均匀上色，在靠近留白处用笔
的力度要渐轻。

08

09 用灰色彩铅（PC1063）
再次加深礼服的颜色，让
明暗关系更加明显。

11 绘制衣袖的高光。用毛笔蘸取高光
墨水或留白液在衣袖上画出高光，
注意 TPU 面料具有强烈的色彩对
比效果。

09

10 衣袖为 TPU 面料，可通过保留
手臂的肤色效果表现，也可通过
刻画 TPU 面料反射周围的颜色
来表现。前面已经完成了手臂肤
色的绘制，在此基础上再用灰色
彩铅表现其反射的周围颜色，注
意用笔要轻。

10

11

13 完成鞋子的绘制。由于
　　模特的脚被衣服遮挡住
　　一部分，所以画鞋子时
　　用笔不需要太重，表现
　　出若隐若现的效果即可。

12

12 为了凸显裙子上的高光，可以用灰色彩铅
　　（PC1063）再次适当加深暗部，增强明
　　暗关系，然后用毛笔蘸取高光墨水或留白
　　液在裙摆上画出高光。

13